小家电使用与维修
（第二版）

中国劳动社会保障出版社

图书在版编目(CIP)数据

小家电使用与维修/李永平,黄培鑫主编. —2 版. —北京:中国劳动社会保障出版社,2016

职业技能短期培训教材

ISBN 978 - 7 - 5167 - 2570 - 2

Ⅰ.①小… Ⅱ.①李…②黄… Ⅲ.①日用电气器具-使用方法-技术培训-教材②日用电气器具-维修-技术培训-教材 Ⅳ.①TM925.07

中国版本图书馆 CIP 数据核字(2016)第 145875 号

中国劳动社会保障出版社出版发行

(北京市惠新东街 1 号 邮政编码:100029)

*

三河市华骏印务包装有限公司印刷装订 新华书店经销

850 毫米×1168 毫米 32 开本 3.75 印张 90 千字

2016 年 6 月第 2 版 2024 年 1 月第 7 次印刷

定价:**10.00** 元

营销中心电话:400-606-6496

出版社网址:http://www.class.com.cn

前言

　　职业技能培训是提高劳动者知识与技能水平、增强劳动者就业能力的有效措施。职业技能短期培训，能够在短期内使受培训者掌握一门技能，达到上岗要求，顺利实现就业。

　　为了适应开展职业技能短期培训的需要，促进短期培训向规范化发展，提高培训质量，中国劳动社会保障出版社组织编写了职业技能短期培训系列教材，涉及二产和三产百余种职业（工种）。在组织编写教材的过程中，以相应职业（工种）的国家职业标准和岗位要求为依据，并力求使教材具有以下特点：

　　短。教材适合 15～30 天的短期培训，在较短的时间内，让受培训者掌握一种技能，从而实现就业。

　　薄。教材厚度薄，字数一般在 10 万字左右。教材中只讲述必要的知识和技能，不详细介绍有关的理论，避免多而全，强调有用和实用，从而将最有效的技能传授给受培训者。

　　易。内容通俗，图文并茂，容易学习和掌握。教材以技能操作和技能培养为主线，用图文相结合的方式，通过实例，一步步地介绍各项操作技能，便于学习、理解和对照操作。

　　这套教材适合于各级各类职业学校、职业培训机构在开展职业技能短期培训时使用。欢迎职业学校、培训机构和读者对教材中存在的不足之处提出宝贵意见和建议。

人力资源和社会保障部教材办公室

再版说明

　　本书是职业技能短期培训教材，由人力资源和社会保障部教材办公室组织编写。《小家电使用与维修》自 2007 年出版以来，受到广大读者和培训机构的好评，在小家电维修的职业技能培训中发挥了积极的作用。

　　《小家电使用与维修》第二版是应广大读者和培训机构的要求进行的修订，对第一版进行了大幅度的修改，更加适应当前的实际需求。本书从初学者的角度出发，由浅入深，循序渐进地讲述了电子电路基础知识以及电热锅具、电子自动电压力锅、抽油烟机、食物电动加工机、电暖器、冷暖空调扇、空气清新器与加湿器、应急灯、充电手电筒、电动剃须刀、电子灭蚊拍、电热水瓶、饮水机、吸尘器等典型小家电的电路结构和工作原理、常见故障分析检修。

　　本书内容浅显，通俗易懂，实用性较强，是家电维修初学者、无线电爱好者快速掌握家用电器维修技术的入门书籍。

　　本书可作为职业技能短期培训学员、就业与再就业人员和农村进城务工人员的培训教材，也可供家电维修人员阅读参考。

　　本书由李永平、黄培鑫主编，胡家骏、胡浩、李世忠参编，李世忠统稿。

目录

第一单元　电子电路基础知识 ……………………… （ 1 ）

模块一　常用电子电路名词 ………………………… （ 1 ）

模块二　电子元件识别与测试 ……………………… （ 4 ）

第二单元　电热锅具 ………………………………… （ 38 ）

模块一　三角牌 DRG130 型多用调温电热锅 ……… （ 38 ）

模块二　三星 CDDG－28 型自动保温电热锅 ……… （ 40 ）

第三单元　电子自动电压力锅 ……………………… （ 43 ）

模块一　荣升 YB 系列保温式自动电压力锅………… （ 43 ）

模块二　美的 CH60 型自动电压力锅………………… （ 45 ）

第四单元　抽油烟机 ………………………………… （ 48 ）

模块一　高宝 KCA－228A 型全自动抽油烟机 ……… （ 48 ）

模块二　玉立 CST－8－170 型抽油烟机 …………… （ 52 ）

第五单元　食物电动加工机 ………………………… （ 55 ）

模块一　希贵 JLL30－A 型食物搅碎机 …………… （ 55 ）

模块二　南穗 KJ－3 型食物搅碎机 ………………… （ 56 ）

第六单元　电暖器 …………………………………… （ 58 ）

模块一　美的 NYK 系列充油式电暖器 ……………… （ 58 ）

模块二　美的 XSM1500 型 PTC 暖风机 …………… （ 60 ）

模块三　美的 LS9 型远红外电暖器 ……………………（62）

第七单元　冷暖空调扇 ………………………………（64）

模块一　高宾 LP-12C 型冷暖空调扇　………………（64）

模块二　格力 DF168 型冷暖空调扇　…………………（67）

第八单元　空气清新器与加湿器 ……………………（70）

模块一　臭氧型空气清新器　…………………………（70）

模块二　新技 XJ-1000 型负离子空气清新机 …………（72）

模块三　ZS2-45 型超声波多功能加湿器 ……………（74）

第九单元　应急灯 ……………………………………（77）

模块一　SL-02 型三用应急灯 …………………………（77）

模块二　光明 355 型多功能应急灯 ……………………（79）

第十单元　充电手电筒 ………………………………（82）

模块一　光明 EL3 型双灯充电手电筒 …………………（82）

模块二　爱使 WCD191 型微型充电手电筒 ……………（83）

第十一单元　电动剃须刀 ……………………………（85）

模块一　日立 RM-1500 VD 型电动剃须刀 ……………（85）

模块二　SHAVER ES381 型充电电动剃须刀 …………（86）

第十二单元　电子灭蚊拍 ……………………………（89）

模块一　山山牌电子灭蚊拍　…………………………（89）

模块二　锦绣牌电子灭蚊拍　…………………………（90）

第十三单元　电热水瓶 ………………………………（93）

模块一　胜利牌 HH-1 型电热水瓶 ……………………（93）

　　模块二　水星 DBQ – 20 型自动电热水瓶 ·················（ 96 ）

第十四单元　饮水机 ····································（ 99 ）

　　模块一　永华牌 RZ – 30 型多功能自动电子饮水机·····（ 99 ）
　　模块二　旭日 WE – 17 型冰热两用饮水机 ·············（102）

第十五单元　吸尘器 ····································（105）

　　模块一　海华 WT – E90 型吸尘器 ····················（105）
　　模块二　红枫 DK – 10 型吸尘器····················（107）

......（98）

......（98）

......（99）

......（101）

......（105）

......（106）

......（107）

第一单元　电子电路基础知识

模块一　常用电子电路名词

1. 电路

电路就是电流流经的路径。

最简单的电路由电源、负载、导线、开关等组成，如图1—1所示。

图1—1　简单电路

2. 电流

电荷的定向移动形成电流。单位时间内通过导体横截面的电量叫作电流。

大小和方向随时间变化的电流叫交流，交流用符号"~"表示。

大小和方向不随时间变化的电流叫直流，直流用符号"—"表示。

在电路中，电流的符号是 I、i，单位是安［培］（A），也常用毫安（mA）、微安（μA）。

$$1 \text{ A} = 1\,000 \text{ mA} \quad 1 \text{ mA} = 1\,000 \text{ μA}$$

3. 电压

河水之所以能够流动，是因为有水位差；电荷之所以能够流动，是因为有电位差。电源两端的电位差叫作电压。

在电路中，电压的符号是 U、u，单位是伏［特］（V），也常用千伏（kV）、毫伏（mV）或微伏（μV）。

1 kV = 1 000 V   1 V = 1 000 mV   1 mV = 1 000 μV

4. 欧姆定律

部分电路欧姆定律的内容是：导体中的电流与导体两端的电压成正比，与导体两端的电阻成反比。即

$$I = U/R$$

式中 I——导体中的电流，A；

　　　　U——导体两端的电压，V；

　　　　R——导体的电阻，Ω。

5. 电源

把其他形式的能转变成电能的装置叫作电源。

例如：干电池把化学能转变成电能，发电机把机械能转变成电能。

6. 负载

把电能转变成其他形式能的装置叫作负载。

例如：日光灯把电能转变成光能，电动机把电能转变成机械能，扬声器把电能转变成声能。

7. 周期

交流电完成一次完整变化所需要的时间叫作周期。

在电路中，周期用 T 表示，单位是秒（s），也常用毫秒（ms）或微秒（μs）。

1 s = 1 000 ms   1 ms = 1 000 μs

8. 频率

交流电在 1 s 内完成周期性变化的次数叫作频率。

在电路中，频率用 f 表示，单位是赫［兹］（Hz），也常用千赫（kHz）或兆赫（MHz）。

1 MHz = 1 000 kHz   1 kHz = 1 000 Hz

9. 无线电波

给一根导线通上交流电，在其周围会产生磁场，磁场的周围又会产生电场，电场和磁场交替变化并向四周传播，就是电磁波

也叫作无线电波。

电磁波两个相邻波峰之间的距离称为波长。

10．载波

语言和音乐的频率很低，不能用电磁波的形式直接发送到遥远的空间，必须借助高频电磁波携带低频信号才能发射出去。能携带低频信号的电磁波叫作载波。载波的频率叫作载频。

11．调频、调幅

高频载波携带低频信号是通过低频信号控制高频载波来实现的，这个控制过程称为调制。用低频信号控制高频载波的频率叫作调频；用低频信号控制高频载波的幅度叫作调幅。它们的波形如图1—2所示。

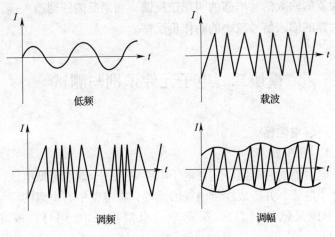

图1—2　低频、载波、调频、调幅波形图

人耳能听到的声音频率为20 Hz～20 kHz，通常把这一频率范围叫作音频。

12．谐振

由电容和电感组成的电路，在任何外加交流电的作用下，都会激起振荡，每个调谐回路都有其固定的频率，当自身的固定频率等于外界交流信号的频率时，振荡的幅度（电压或电流）最大，这种情况称为谐振。

13. 振荡器

不用外加任何外界交流电，经过一个电子电路可以把直流电变成交流电或脉冲直流电的装置叫作振荡器。

14. 放大器

能把输入信号（电压或功率）放大的一种电子装置叫作放大器。

15. 反馈

从放大器的输出端取出部分信号，通过一定的电路又回馈到放大器的输入端，这种电路叫作反馈。如果反馈回到输入端，使放大器的输入信号增强的叫作正反馈；如果反馈回到输入端，使放大器的输入信号减小的叫作负反馈。

模块二　电子元件识别与测试

一、电阻器

1. 电阻器

电阻器简称电阻，它在电子电路中是一个既能降低电压，又能减小电流，并造成能量消耗的元件，在电路中，电阻的符号是 R，单位是欧姆（Ω），简称欧，也常用千欧（$k\Omega$）或兆欧（$M\Omega$）。

$$1 \ M\Omega = 1 \ 000 \ k\Omega \quad 1 \ k\Omega = 1 \ 000 \ \Omega$$

2. 电阻的分类

（1）按结构分。按结构分有固定电阻、可变电阻、微调电阻等，其符号如图 1—3 所示。

（2）按材料分。按材料分有碳膜电阻、金属膜电阻、金属氧化膜电阻、金属玻璃釉电阻、线绕电阻等，如图 1—4 所示。

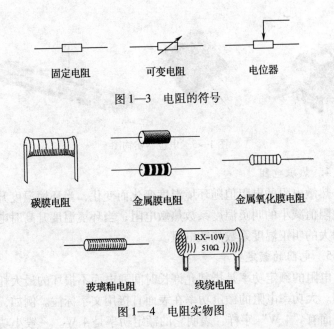

固定电阻　　　　可变电阻　　　　电位器

图1—3　电阻的符号

碳膜电阻　　　　金属膜电阻　　　　金属氧化膜电阻

玻璃釉电阻　　　　线绕电阻

图1—4　电阻实物图

（3）按用途分。按用途分有精密电阻、高频电阻、高压电阻、大功率电阻、热敏电阻、熔断电阻等。

3．电位器和可变电阻

电位器和可变电阻实质上是阻值可变的电阻，其电阻值在一定范围内可以调整变化。电位器通常装有手柄或调节螺钉，如图1—5所示，当"动臂"在电阻体上滑动时，即可改变滑动触点与电阻体两引脚之间的阻值。通常电位器阻值变化范围较大，调整也方便。而将阻值调节范围较小，或调节不很方便的称为可变电阻或微调电阻。实质上，可变电阻和电位器的电路原理完全相同，只是机械构造有很大差异。电位器的种类很多，从构造上分，常用的有旋转式电位器、带开关电位器、直滑式电位器、多圈电位器、微调电位器、双连（或多连）电位器等。

图1—5　电位器实物图

4．热敏电阻

热敏电阻的电阻值随环境温度变化而变化，当环境温度升高时电阻值减小的叫负温度系数热敏电阻；当环境温度升高时电阻值增大的叫正温度系数热敏电阻。

5．电阻的额定功率

电阻的额定功率是指其允许长时间通电而不损坏的最大耗电功率。大功率电阻的额定功率在表面直接用文字标注。例如，电阻表面有"4 W"字样，表明它的额定功率是4 W。一般小功率电阻的额定功率可以通过其颜色和体积判断。例如，直径1 mm、长1 cm的淡黄色或蓝色碳膜电阻的功率为1/8 W，同样大小的红色金属膜电阻的功率是1/4 W。同一种类的电阻体积越大，额定功率也越大。电阻额定功率值在电路图上的符号如图1—6所示。

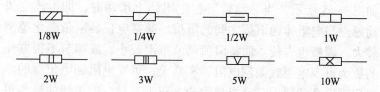

图1—6　电阻额定功率值在电路图上的符号

6．电阻的型号意义

电阻的型号意义见表1—1。

表 1—1　　　　　　　　　　　　　电阻的型号意义

主称 （第一部分）		电阻材料 （第二部分）		性能分类 （第三部分）				序号 （第四部分）
字母	含义	字母	含义	数字	类型	字母	性能	
R W	电阻器 电位器	T	碳膜	0	—	X	大小	用数字表示
		P	硼碳膜	1	普通	J	精密	
		U	硅碳膜	2	普通	L	测量	
		H	合成膜	3	超高频	G	高功率	
		I	玻璃釉	4	高阻			
		J	金属膜	5	高温			
		Y	氧化膜	6	—			
		S	有机实心	7	精密			
		N	无机实心	8	高压			
		X	线绕	9	特殊			
		C	沉积膜					

例如，电阻上标有 RJJ 符号，R 表示电阻器，第一个 J 表示金属膜，第二个 J 表示精密，如图 1—7 所示。

7. 电阻色环的意义

小功率电阻器因表面积小，无法直接标注数字和字母，往往在电阻器表面涂上不同颜色的色环，如图 1—8 所示。电阻色环的意义见表 1—2。

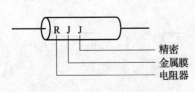

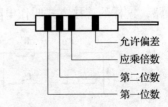

图 1—7　电阻的型号意义　　　　图 1—8　色环电阻标志

表 1—2　　　　　　　　　　电阻色环的意义

颜色	第一个色环 （第一位数）	第二个色环 （第二位数）	第三个色环 （乘数）	第四个色环 （允许偏差）
棕	1	1	10^1	—
红	2	2	10^2	—
橙	3	3	10^3	—
黄	4	4	10^4	—
绿	5	5	10^5	—
蓝	6	6	10^6	—
紫	7	7	10^7	—
灰	8	8	10^8	—
白	9	9	10^9	—
黑	0	0	1	—
金	—	—	10^{-1}	±5%
银	—	—	10^{-2}	±10%
无色	—	—	—	±20%

　　例如，一只有 4 个色环的电阻，色环颜色顺序为黄、红、红、金，则该电阻为 $42 \times 100 = 4.2$ kΩ，误差为 ±5%。再如，一只有 3 个色环的电阻，色环颜色顺序为棕、紫、黑，则该电阻为 $17 \times 1 = 17$ Ω，误差为 ±20%。

　　8. 电阻的串联和并联

　　（1）将两个或两个以上电阻依次连接，组成一条无分支电路，这样的连接方式叫作电阻的串联，如图 1—9 所示。

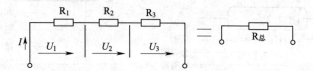

图 1—9　电阻的串联

电阻串联具有以下性质：

1）串联电路中流过每个电阻的电流都相等，即

$$I = I_1 = I_2 = \cdots = I_n$$

2）串联电路两端的总电压等于各部分电阻两端电压之和，即

$$U = U_1 + U_2 + \cdots + U_n$$

3）串联电阻总值等于各个电阻值之和。

$$R_总 = R_1 + R_2 + \cdots + R_n$$

（2）将两个或两个以上电阻接在电路中相同的两点之间，每个电阻承受的电压相同，这样的连接方式叫作电阻的并联。如图1—10所示为3个电阻的并联。

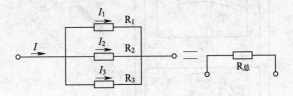

图1—10　电阻的并联

电阻并联具有以下性质：

1）并联电路中各电阻两端的电压相等，且等于电路两端的电压，即

$$U = U_1 = U_2 = \cdots = U_n$$

2）并联电路的总电流等于流过各电阻的电流之和，即

$$I = I_1 + I_2 + \cdots + I_n$$

3）并联电阻总值的倒数等于各个电阻值的倒数之和。

$$1/R_总 = 1/R_1 + 1/R_2 + \cdots + 1/R_n$$

从以上分析中可以看出，利用电阻器在控制电路中的串联、并联，可以起到限流和降压、分流和分压等作用。

9．电阻的测量

用万用表测量电阻值：

（1）首先将红表笔插入万用表的"＋"插孔，黑表笔插入

"－"插孔，把转换开关拨至"Ω"挡。

（2）选择合适的挡位，将红、黑表笔接触，使表针指到表盘右边的"零"刻度值附近，并调整调零旋钮，使表针指在刻度盘的"0"位。每切换一次挡位，均要调整一次调零旋钮。

（3）将红、黑表笔分别并接在电阻的两端，选择适当挡位测量。挡位开关所指的倍数乘以表盘指针所指的数字，就得到被测量电阻的阻值（如挡位开关选择×100挡，表盘指针指示的刻度为24，即 $100 \times 24 = 2\,400\,\Omega$）。电阻的测量如图1—11所示。

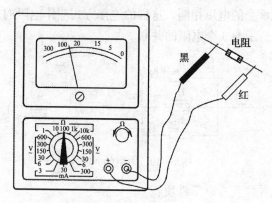

图1—11　电阻的测量

二、电容器

1. 电容器

电容器是一种能储存电能的元件。它由两个靠得很近的金属片（箔）组成，中间用绝缘材料隔开。电容两极之间的绝缘材料叫作介质。给电容加上一定的电压，它就会储存一定的电量，所加的电压越大，储存的电量越多。如果电量用 Q 表示，电压用 U 表示，电容用 C 表示，那么电量 Q 与所加的电压 U 的比值叫电容。即

$$C = Q/U$$

电容的单位是法［拉］（F），最常用微法（μF）或皮法（pF）。

$$1 \text{ F} = 10^6 \text{ } \mu\text{F} \quad 1 \text{ } \mu\text{F} = 10^6 \text{ pF}$$

电容在各种电子电路中，起调谐、滤波、去耦、隔直流、通交流的作用。

2. 电容的分类

（1）按结构形式分。按结构形式分有固定电容、可调电容、预调电容、极性电容。电容器的图形符号如图1—12所示。

固定电容　　可调电容　　预调电容　　极性电容

图1—12　电容器的图形符号

（2）按绝缘介质分。按绝缘介质分有纸介电容、金属化纸介电容、薄膜介（涤纶介）电容、云母介电容、陶瓷介电容、油浸介电容、电解液介电容等，如图1—13所示为电容器实物图。

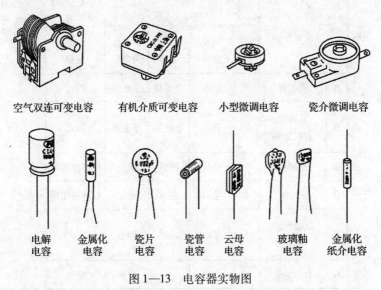

空气双连可变电容　　有机介质可变电容　　小型微调电容　　瓷介微调电容

电解　　金属化　　瓷片　　瓷管　　云母　　玻璃釉　　金属化
电容　　电容　　电容　　电容　　电容　　电容　　纸介电容

图1—13　电容器实物图

3. 预调电容和可调电容

这类电容器用聚酯乙烯或空气作介质，由动片和定片组成，改变动片和定片的接触面积，即可以改变电容量，它在一定范围内变化可调。

4. 电解电容

它在两个金属片之间用电解液作介质，分正、负极，新电容较长的引线为正极，较短的引线为负极，或上面标有"＋""－"标记。使用时要注意正、负极性，正极接电位较高的点，负极接电位较低的点。

5. 电容器的类别与型号

电容器的类别与型号见表1—3。

表1—3　　　　　电容器的类别与型号

第一部分	第二部分		第三部分					后缀
主称	介质材料		分类					说明
			数字	瓷介电容	云母电容	有机介质电容	电解电容	
C电容器	A	钽电解	1	圆形	非密封	非密封	箔式	各厂家制定
	B	非极性有机薄膜	2	管式	非密封	非密封	箔式	
	C	高频瓷	3	叠片	密封	密封	烧结粉液体	
	D	铝电解	4	独石	密封	密封	烧结粉固体	
	E	其他材料电解	5	穿心	—	穿心	—	
	G	合金电解	6	支柱	—	交流	交流	

主称	介质材料	分类					说明
		数字	瓷介电容	云母电容	有机介质电容	电解电容	
C电容器	H 复合介质	7	交流	标准	片压	无机性	各厂家制定
	I 玻璃釉	8	高压	高压	高压	—	
	J 金属化纸	9	—	—	特殊	特殊	
	L 极性有机薄膜						
	N 铌电解						
	O 玻璃膜						
	Q 漆膜						
	T 低频瓷						
	V 云母纸						
	Y 云母						
	Z 纸						

6. 电容的使用常识

一般电容量大于 1 000 pF 的用 μF 作单位，小于 1 000 pF 的用 pF 作单位，有的电容小于 100 μF、大于 100 pF 常常不标注单位，如上面标有 0.01 字样的就是 0.01 μF，标有 2 200 字样的就是 2 200 pF，有的电容用 nF（纳法）作单位，1 nF = 1 000 pF，1 μF = 1 000 nF，如上面标有 4n7 即为 4 700 pF。在使用中，注意电容的耐压值，实际所承受的电压不要大于电容的耐压值。

7. 电容的并联和串联

（1）如图 1—14 所示，将两个或两个以上的电容器接在相同的两点之间，这种连接方法叫作电容的并联。

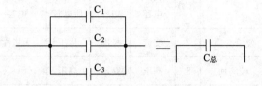

图 1—14　电容的并联电路

并联电容的总值等于各个电容值之和。

$$C_{总} = C_1 + C_2 + \cdots + C_n$$

（2）如图 1—15 所示，将两个或两个以上的电容首尾相连的方式叫作电容的串联。

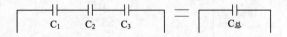

图 1—15　电容的串联电路

串联电容总值的倒数等于各个电容值的倒数之和。

$$1/C_{总} = 1/C_1 + 1/C_2 + \cdots + 1/C_n$$

8. 电容的测量

用万用表测量电容：

（1）用万用表的"Ω"挡，大容量的电容用小挡位，×1 挡或×10 挡，小容量的电容用大挡位，×100 挡或×1 k 挡。

（2）将红、黑两表笔并接在电容的两极上，这时表针转动，这是给电容充电的过程，充电完毕表针返回，再将两表笔对调，表针重复上述过程，这种现象表明电容是好的；如果表针转动并不返回，这种现象表明电容击穿；如果表针不转动，证明电容失效或断路（注意测试小容量电容时，表针转动得很小）。电容的测试如图 1—16 所示。

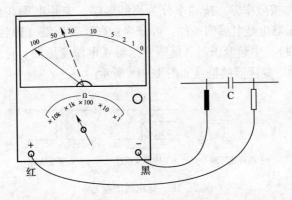

图 1—16　电容的测试

三、电感器

1. 电感器

电感器简称电感，它是衡量线圈通过电流时产生自感磁链本领大小的物理量。电感的符号用 L 表示，单位是亨［利］（H），也常用毫亨（mH）或微亨（μH）。

$$1\ H = 1\ 000\ mH \quad 1\ mH = 1\ 000\ μH$$

电感有自感和互感之分。由于流过线圈本身的电流发生变化，而引起的电磁感应的现象叫自感。由一个线圈中的电流发生变化而在另一线圈中产生电磁感应的现象叫互感。

2. 电感的分类

（1）按结构分。按结构分为固定电感器、带固定抽头的电感器、磁芯有间隙的电感器、铁芯电感。电感的符号如图 1—17 所示。

固定电感器　　带固定抽头　　磁芯有间隙　　带磁芯的
　　　　　　　的电感器　　　的电感器　　　电感器

图 1—17　电感的符号

（2）按频率分。按频率分为高频电感、中频电感和低频电感。变压器也是电感的一种，可分为：高频变压器（磁性天线、振荡线圈）、中频变压器、低频变压器（电源变压器、音频变压器）3 种。变压器的符号如图 1—18 所示。

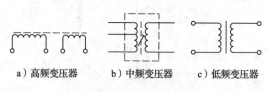

a）高频变压器　　b）中频变压器　　c）低频变压器

图 1—18　变压器的符号

变压器的外形图如图 1—19 所示。

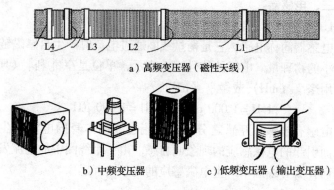

a）高频变压器（磁性天线）

b）中频变压器　　　　c）低频变压器（输出变压器）

图 1—19　变压器的外形图

3. 阻流圈

线圈中的自感电动势总是与线圈中的电流变化相对抗。阻流圈即是根据此原理，用来阻碍交流电流通过的线圈，分为高频阻流圈和低频阻流圈。阻流圈的实物图如图 1—20 所示。

4. 扬声器和传声器

扬声器和传声器（俗称话筒）均由线圈、磁铁、纸盆、支架组成，都是用来实现声—电转变、电—声转变的整体组件。扬声器和传声器的符号与实物如图 1—21 所示。

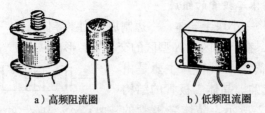

a）高频阻流圈　　　　　b）低频阻流圈

图1—20　阻流圈的实物图

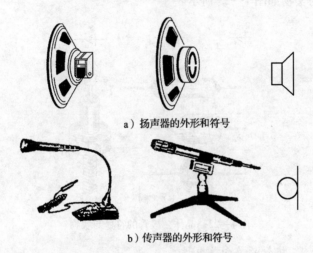

a）扬声器的外形和符号

b）传声器的外形和符号

图1—21　扬声器和传声器的外形与符号

四、晶体二极管

半导体是导电性介于导体和绝缘体之间的材料。晶体管是由半导体材料制成的。

1. 半导体的特性

（1）在纯净的半导体中掺入极微量的其他杂质，它的导电性能大大提高，这是半导体最突出的特性。

（2）半导体受温度的影响导电性能有所改变。

（3）某些半导体受光的照射，导电性能会显著提高。

利用后两个特性，半导体可以制成热敏管、光电管等。

2．晶体二极管的组成

如果将一小块半导体，一边制成 P 型半导体，另一边制成 N 型半导体，在 P 型区和 N 型区的交界处，形成一个 PN 结，晶体二极管（简称二极管）主要是由 PN 结构成的。晶体二极管的结构如图 1—22 所示。晶体二极管的符号与实物如图 1—23 所示。

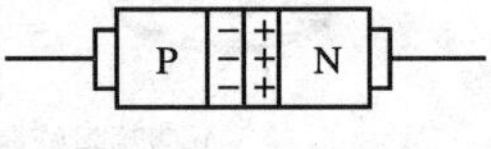

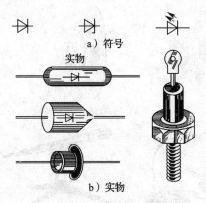

图 1—22　晶体二极管的结构

a）符号

实物

b）实物

图 1—23　晶体二极管的符号与实物

3．二极管的单向导电性

二极管的单向导电性是指二极管加上正向电压，即正偏（正极接高电位，负极接低电位）时，其内阻很小，相当于短路，电流可以通过；当给二极管加上反向电压（反偏）时，它的内阻很大，几乎没有电流通过，相当于开路。二极管的单向导电试验电路如图 1—24 所示。

4．晶体二极管的分类

（1）按作用分。按作用分有整流二极管、检波二极管、稳压二极管、开关二极管、变容二极管、发光二极管。

（2）按结构分。按结构分有点接触型和面接触型两种，如图 1—25 所示。

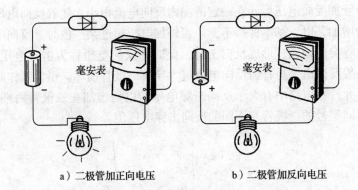

a）二极管加正向电压　　　　　　b）二极管加反向电压

图 1—24　晶体二极管的单向导电试验电路

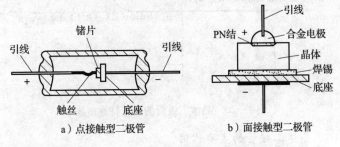

a）点接触型二极管　　　　　　　b）面接触型二极管

图 1—25　点接触型和面接触型二极管的结构

（3）按材料分。按材料分有硅二极管和锗二极管两种，它们的显著区别是门槛电压（又称死区电压）不一样，硅管的门槛电压为 0.6 V，锗管的门槛电压为 0.2 V。

5．晶体二极管的伏安特性

二极管伏安特性是指二极管两端的外加电压 U 和流过二极管的电流 I 之间的关系曲线。

如图 1—26 所示，二极管外加电压等于零时电流也为零；当正向电压较小时电流也几乎为零，这一段特性曲线称为"死区"特性（硅管死区电压约 0.5 V，锗管约 0.2 V）；正向电压值超过死区电压后，正向电流迅速增大，二极管正向电阻变得很小；二极管加反向电压后，在一定范围内反向电流很小，随着反向电压的增加，电流基本保持不变。当外加电压超过某一值时，反向电流将突然增大，形成反向击穿，此时的反向电压称为击穿电压。一般反向击穿后将因反向电流过大导致二极管损坏。正常工作时不允许在电路中有大于反向击穿电压的电压施加在二极管两端。不同型号的二极管有不同的反向击穿电压值。

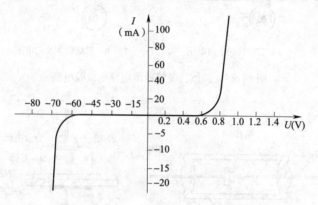

图1—26　晶体二极管的伏安特性曲线

6. 晶体二极管的主要作用

（1）晶体二极管可以把交流电变成脉动的直流电，起整流作用。整流电路如图1—27所示。

下面以半波整流电路为例简要介绍整流电路工作原理。

如图1—27a所示，图中T为整流变压器，它的作用是将220 V交流电压变成所需电压u_2，其波形如图1—28a所示。利用整流二极管V的单向导电性将交流电变成只有半周的脉动直流电。具体为：当u_2为正半周时，变压器A端为正、B端为负，二极管受正向电压导通，电流的通路是A点→V→负载→B点。若忽略二极管的压降，u_2几乎全加在负载上；在u_2的负半周时，变压器A端为负、B端为正，二极管受反向电压而截止，负载两端电压为零，u_2电压都加在二极管V上。

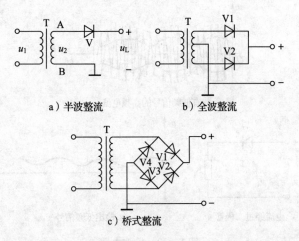

a）半波整流   b）全波整流

c）桥式整流

图1—27　整流电路

由此可见，随着 u_2 周而复始的变化，负载上就可得到如图1—28b 所示的电压。全波整流和桥式整流电路的工作原理可参考相关书籍。

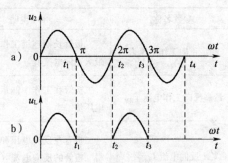

图1—28　单相半波整流电路的波形
a）二次绕组电压　b）负载电压

（2）可以把载有低频信号的高频电流经过二极管，检出低频信号，起检波作用。检波电路如图1—29所示。检波二极管要求结电容小、反向电流也小，所以常采用点接触型二极管。

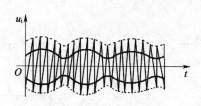

载有低频信号的高频电流

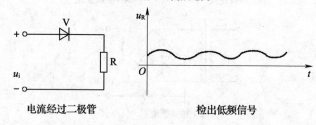

电流经过二极管　　　　　　检出低频信号

图1—29　检波电路

7. 晶体二极管的主要参数

晶体二极管的主要参数见表1—4。

表1—4　　　　晶体二极管的主要参数

二极管分类	参数名称	说明
普通二极管	额定正向工作电流 I_F	二极管长期连续工作时允许通过的最大正向电流值
	最高反向工作电压 V_{RM}	二极管在工作中能承受的最大反向电压值
	反向电流 I_R	二极管在反向电压和环境温度下测得二极管的反向电流（越小表示性能越好）
	正向电压 V_F	二极管导通时其两端产生的正向电压
	最高工作频率 f_M	二极管导通时频率的最大值

二极管分类	参数名称	说明
稳压二极管	稳定电压 V_Z	稳压二极管的反向击穿电压
	稳定电流 I_Z	稳压二极管正常稳压工作时的反向电流，一般为最大稳定电流 I_{ZM} 的 0.5 倍左右
	额定功率 P_Z	稳压二极管在正常工作时产生的耗散功率
	动态电阻 r_Z	稳压二极管两端电压变化随电流变化的比值
变容二极管	结电容 C_d	变容二极管的 PN 结间的结果电容随着反向偏压的变化而变化
	品质因数 Q	在规定的频率和偏压下，变容二极管的存储能量与消耗能量之比
	温度系数 C_{TC}	在规定的频率、偏压和温度范围内，变容二极管的结电容随温度的相对变化率
开关二极管或双向触发二极管	转折电压 V_S	开关二极管或双向触发二极管由截止变为导通所需要的正向电压
	维持电流 I_H	开关二极管或双向触发二极管维持导通状态所需的最小工作电流
发光二极管	发光强度 I_V	用来表示发光二极管发光亮度的大小，其单位是 cd
	发光波长 λ_p	发光二极管在一定条件下，其发射光的峰值所对应的波长

8. 晶体二极管的测试

（1）选择万用表的 $R \times 100$ 挡或 $R \times 1$ k 挡，将两表笔并接在二极管的两端，当给二极管加正向电压时，二极管内阻值很小，电流可以通过二极管，使表针转动（转到表盘的 2/3 处）；当给二极管加反向电压时，管内电阻值很大，电流不能通过二极管，万用表表针不转动，这种情况说明二极管是好的。

（2）如果给二极管加正向或反向电压，表针都不转动，证明二极管断路；如果给二极管加正向或反向电压，表针都转到"0"位，证明二极管击穿。

（3）当给二极管两端加正向电压，表针转动，这时，红表笔接的是二极管的负极，黑表笔接的是二极管的正极（因为黑表笔接万用表内部电池的正极）。晶体二极管测试如图 1—30 所示。

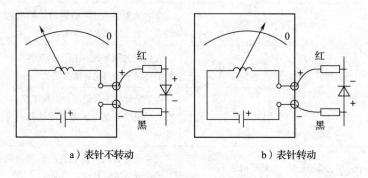

a）表针不转动　　　　　　　　b）表针转动

图 1—30　晶体二极管测试

9. 稳压二极管的特性和工作原理

（1）稳压管的伏安特性。稳压管是利用特殊工艺制成的半导体二极管。当给稳压管加上反向电压后，在一定的电流范围内，二极管的击穿是可逆的。就是说，在去掉反向击穿电压后，稳压管能自动恢复原状。由于硅管的热稳定性比锗管好，所以稳压管都使用硅材料制作。

稳压管的伏安特性曲线如图 1—31 所示，它的正常工作为伏安特性曲线中的反向特性部分。利用反向击穿后，电流在很大范围内变化，而击穿电压基本保持不变的特点达到稳压目的。

（2）稳压管稳压电路的工作原理。简单的稳压电路如图1—32所示，U_i是整流、滤波后的直流电压，R为限流电阻，负载R_L与稳压管并联，稳压输出电压为U_o。这种电路称为并联式稳压电路。

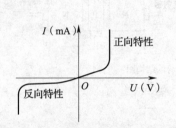
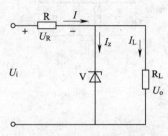

图1—31　稳压管的伏安特性曲线　　图1—32　简单的稳压电路

稳压管稳压电路有稳定输出电压的作用，它的工作原理是：当负载电阻R_L不变，输入电压U_i变化时，可以看到

$$U_i \uparrow \rightarrow U_o \uparrow \rightarrow I_Z \uparrow \rightarrow I \uparrow \ (= I_Z + I_L) \uparrow \rightarrow U_R \uparrow \rightarrow U_o \downarrow \ (= U_i - U_R)$$

当输入电压U_i不变，负载电阻R_L变化时，可以看到

$$R_L \downarrow \rightarrow \ (即 I_L \uparrow) \rightarrow I \uparrow \rightarrow U_o \downarrow \rightarrow I_Z \downarrow \rightarrow I \downarrow \rightarrow U_R \downarrow \rightarrow U_o \uparrow$$

由上可见，稳压管在电路中起着调节作用，即利用稳压管两端电压的微小变化引起电流较大的变化。通过限流电阻R的调节作用，使电路输出基本恒定的电压。因此，正确选择R的阻值是很重要的。

稳压管稳压电路结构简单，调试方便，但输出电压不能调节，输出电流受稳压管稳定电流的限制。这种电路常用于输出电流不大（约数十毫安）、负载变动范围小、输出电压不可调的电路中。

五、晶体三极管

1. 晶体三极管的组成

如果将一小块半导体中间制成很薄的P型（或N型）区，两边制成N型（或P型）区，形成了两个PN结，三个区，分别给这三个区加上电极，就形成了 NPN 型（或 PNP 型）晶体三极管。晶体三极管的结构、符号及实物图如图 1—33 所示。

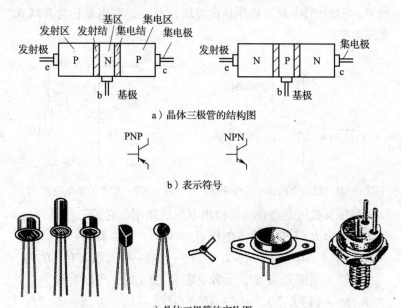

a）晶体三极管的结构图

b）表示符号

c）晶体三极管的实物图

图 1—33　晶体三极管的结构、符号及实物图

2. 晶体三极管三个电极的作用

从图 1—33a 中可以看出，三极管的管心是两片 P 型半导体夹着一片 N 型半导体，或是两片 N 型半导体夹着一片 P 型半导体。这些半导体材料经过复杂的工艺处理后，在它们的交界处形成两个 PN 结，分别叫作发射结和集电结。从三极管的管心里引出 3 根引线，它们分别叫作发射极（e）、基极（b）和集电极（c）。这两种材料结构不同的三极管分别称为 PNP 型管和 NPN 型管。

（1）发射极（e）：用来发出电荷形成管内的电流。

（2）集电极（c）：用来吸收发射极发来的电荷。

（3）基极（b）：用来控制发射极发往集电极电荷的数量。

虽然发射区和集电区都是 P 型（或 N 型）半导体，但发射区比集电区掺入的杂质多，导通能力强，因而便于发射出大量的电荷，而集电区的面积比发射区的面积大，便于大量吸收发射区发来的电荷，由于它们的作用不同，所以在使用中，发射极和集电极不能互换。

3. 晶体三极管的放大作用

给晶体三极管的基极和发射极外加一个正向电压，给集电极和发射极外加一个反向电压，当三极管的基极电流发生一个微弱的变化时，它的集电极电流就有一个较大的变化，这就是三极管的放大作用。它的放大作用原理如图 1—34 所示。

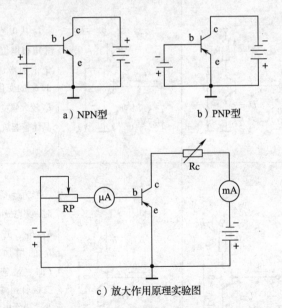

a）NPN型　　　　b）PNP型

c）放大作用原理实验图

图 1—34　晶体三极管的放大作用原理

4. 晶体三极管的工作状态

晶体三极管的三种工作状态见表 1—5。

表 1—5　　　　　　　　晶体三极管的三种工作状态

工作状态	PNP 型	NPN 型	工作状态的特点
截止状态	$-E_C$　I_C　R_C　I_B　U_{BE}　$U_{CE}\approx E_C$　+0.3～-0.1V　I_E	$+E_C$　I_C　R_C　I_B　U_{BE}　$U_{CE}\approx E_C$　-0.3～+0.5V　I_E	当 $I_B\leqslant 0$ 时，集电极电流很小（小于 I_{CEO}），晶体管相当于开路（即截止），电源电压几乎全部加在三极管两端
放大状态	$-E_C$　I_C　R_C　I_B　U_{BE}　U_{CE}　-0.1～-0.2V　I_E	$+E_C$　I_C　R_C　I_B　U_{BE}　U_{CE}　+0.5～+0.7V　I_E	I_B 从 0 逐渐增大，集电极电流 I_C 按一定比例增加。微弱的 I_B 的变化能引起 I_C 较大幅度的变化，晶体管起放大作用
饱和状态	$-E_C$　I_C　R_C　I_B　U_{BE}　$U_{CE}\approx 0$　小于-0.2V　I_E	$+E_C$　I_C　R_C　I_B　U_{BE}　$U_{CE}\approx 0$　大于+0.7V　I_E	当 $I_B>E_C/(\beta R_C)$ 时，集电极电流 $I_C\approx E_C/R_C$，并不再随 I_B 的增加而增加（即三极管饱和），三极管两端压降很小，电源电压 E_C 几乎全部加在集电极负载电阻 R_C 两端

5. 晶体三极管的特性曲线

三极管特性曲线反映三极管的性能，是分析设计放大电路的重要依据。图1—35 和图1—36 分别是共发射极电路下的输入特性曲线、输出特性曲线。

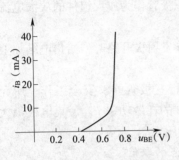

图1—35　三极管输入特性曲线　　图1—36　三极管输出特性曲线

（1）输入特性。在共发射极电路中，输入电流是基极电流 i_B，输入电压是 b—e 极间的电压 u_{BE}，输入特性是指在 c—e 极间的电压 u_{CE} 一定时 i_B 与 u_{BE} 之间的关系曲线，如图1—35 所示。三极管正常工作时的 u_{BE} 变化范围很小（硅管在 0.6 ~ 0.7 V 之间，锗管在 0.2 ~ 0.3 V 之间）。

（2）输出特性。三极管的输出特性是指输入电流为一定值时，输出电流 i_C 与输出电压 u_{CE} 之间的关系曲线，如图1—36 所示。由于受 i_B 的控制，对应不同的 i_B 就有不同的 i_C 值。因此，共发射极输出的特性曲线是一曲线簇。当 $i_B = 0$ 时，$i_C = I_{CEO}$（穿透电流）在常温下此值很小，把 $i_B = 0$ 以下的区域叫三极管截止区，三极管处于截止工作状态时，就失去了电流放大作用。

对输出特性曲线，当 $u_{CE} > 1$ V 后，i_C 基本不受 u_{CE} 的影响。而 i_B 增大时，相应的 i_C 也增大，i_C 比 i_B 的增量要大得多，这就是三极管的放大作用，相邻两条曲线的水平部分间隔的大小反映三极管的电流放大系数（β），并满足 $i_C \approx \beta i_B$。

当 u_{CE} 很小（对硅管 $u_{CE}<0.5$ V）时，$u_{BE}>u_{CE}$，三极管集电结由反向偏置变成了正向偏置，集电结失去了收集基区电子的能力，i_C 不再受 i_B 控制，使三极管处于饱和状态。

6. 三极管的主要参数

（1）电流放大系数 β。是指三极管作为放大组件的放大电流的能力。

（2）极间反向电流 I_{CBO}。是指发射极开路时，给集电结加上反向偏置电压时的反向电流。

（3）极限参数。极限参数是指三极管能够安全工作，所允许的最大值，包括集电极最大允许的耗散功率 P_{CM}、集电极最大允许电流 I_{CM}、c—e 极反向击穿电压 $U_{(BR)CEO}$ 等。

7. 晶体三极管直流静态工作点的取值

晶体三极管直流偏置电路如图 1—37 所示。

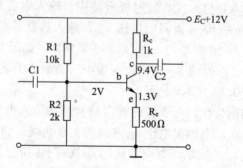

图 1—37　晶体三极管直流偏置电路

（1）基极电位：U_B 由 R_1、R_2 分压决定

$U_B=(R_2)/(R_1+R_2)\times E_C=2/(10+2)\times12=2$ V

（2）发射极电位 U_E：三极管导通时

$$U_{BE}=0.7 \text{ V} \quad 则$$

$$U_E=U_B-U_{BE}=2-0.7=1.3 \text{ V}$$

（3）发射极电流 I_E 和集电极电流 I_C 近似，$I_E\approx I_C$

$$I_C = U_E/R_e = 1.3 \text{ V}/500 \ \Omega = 0.002 \ 6 \text{ A} = 2.6 \text{ mA}$$

（4）集电极电位 U_C：根据欧姆定律，电阻 R_c 上的电压

$$U_{Rc} = I_C R_c = 2.6 \text{ mA} \times 1 \text{ k}\Omega = 2.6 \text{ V}$$

集电极电位 $U_C = E_C - U_{Rc} = 12 - 2.6 = 9.4 \text{ V}$

8. 晶体三极管的测试

（1）判断基极和型号。用万用表的 $R \times 100$ 挡或 $R \times 1$ k 挡，假设一个引脚为基极，与一个表笔接好后，用另一个表笔分别接三极管的另两个引脚，如果测得的阻值都相似（使表针都转动），假设的引脚就是基极，如果测得的阻值不相似，应重新假设。此时，如果是黑表笔接基极，就是 NPN 型三极管；如果是红表笔接基极，就是 PNP 型三极管。基极和型号的测量如图1—38 所示。

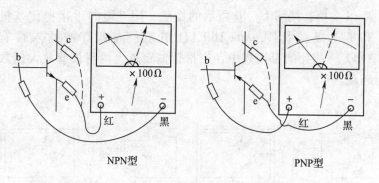

图1—38　三极管基极和型号的测量

（2）判断集电极和发射极。可用判断三极管放大倍数的方法找出发射极，或者选择万用表的 $R \times 10$ k 挡将两表笔直接并接在集电极或发射极上，对调表笔的接点，使表针转动时，若是 NPN 型三极管，黑表笔接的就是发射极，红表笔接的就是集电极；若是 PNP 型三极管，红表笔接的就是发射极，黑表笔接的就是集电极。集电极和发射极的测量如图1—39 所示。

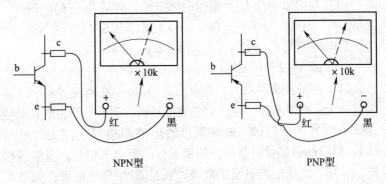

NPN型   PNP型

图1—39 集电极和发射极的测量

（3）判断三极管的放大倍数。选择万用表的 $R \times 100$ 挡或 $R \times 1$ k 挡，按图1—40所示的接法，用潮湿的手指捏住基极和集电极代替图中的 100 kΩ 电阻，或者直接插入带有 "hFE" 插孔的万用表中。表指针偏转越大说明该管放大倍数越高。

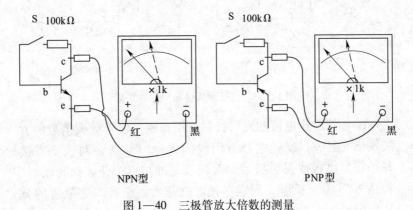

NPN型   PNP型

图1—40 三极管放大倍数的测量

9. 半导体器件型号意义

半导体器件型号意义见表1—6。

表1—6　　　　　　　　半导体器件型号意义

第一部分		第二部分			第三部分		第四部分
符号	意义	符号		意义	符号	意义	
2	二极管	二极管	A	N 型，锗材料	P	普通管	
3	三极管		B	P 型，锗材料	V	微波管	
			C	N 型，硅材料	W	稳压管	
			D	P 型，硅材料	C	参量管	
		三极管	A	PNP 型，锗材料	Z	整流管	
			B	NPN 型，锗材料	L	整流堆	
			C	PNP 型，硅材料	S	隧道管	
			D	NPN 型，硅材料	U	光电管	
			E	化合物材料	K	开关管	如一、二、三部分都相同，仅第四部分以后不同，主要表示性能、规格、序号等
					X	低频小功率管（截止频率低于 3 MHz，耗散功率小于 1 W）	
					G	高频小功率管（截止频率大于 3 MHz，耗散功率小于 1 W）	
					D	低频大功率管（截止频率低于 3 MHz，耗散功率大于 1 W）	
					A	高频大功率管（截止频率大于 3 MHz，耗散功率大于 1 W）	
					T	可控硅元件	

例如：晶体三极管上面标有 3 A X 31，3 D A 87 B 的意义是

六、晶闸管器件

1. 晶闸管的基本作用

晶闸管是一种功率（电流）控制器件，常用在电路中控制大电流的通断，好像"河流中的闸门"，所以被称为晶闸管。它具有体积小、质量轻、功耗低、效率高、寿命长、使用方便等优点，可用作交流无触点开关，并在调光电路、调速电路、调压电路、控温电路、控湿电路及稳压电路、保护电路中有广泛应用。

2. 晶闸管的基本工作原理

晶闸管有 3 条引脚，分别称为阳极、阴极和控制极。通俗地说，晶闸管的基本特性可以概括为：一触即通，导通保持。如图1—41 所示为单向晶闸管的基本工作原理电路。它就像一个处于关断状态的开关，如果在控制极和阴极之间加上"触发电压"，那么晶闸管这个"开关"就导通了，电路中有电流流过。这是"一触即通"的表现。此时如果撤去控制极上的触发电压，晶闸管仍然保持导通，这就是其"导通保持"的表现。晶闸管导通之后，只有使阴极和阳极之间的正向电压足够小或在两者间施以反向电压时，才能使其恢复截止状态。

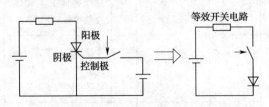

图1—41　单向晶闸管的基本工作原理

单向晶闸管中，电流只能从阳极流向阴极，而且受到控制极的控制。而双向晶闸管则可以流过两个方向的电流，具体电流方向由控制极上的电压决定，所以它就好像是两个反向并联的二极管，这两个二极管的导通均受到控制极的控制。

晶闸管的主要性能指标有额定电流、额定电压、触发电压、触发电流和维持电流等。晶闸管的触发电压和触发电流是指能够使晶闸管可靠导通而在其控制极上所加的最小电压和电流。这个电压和电流的值越小，说明这个晶闸管的触发灵敏度越高。

维持电流是指晶闸管在导通后，要维持晶闸管的这种导通状态在这个晶闸管上必须流过的最小电流。如果电路中不能满足晶闸管的这个维持电流，那么就算晶闸管已被触发导通，在触发信号消失后晶闸管也会立刻截止。

单向晶闸管的额定电流是指它在被触发而正向导通时的额定正向平均电流，即在保证正常导通的情况下，流过它的正弦半波电流的平均值。双向晶闸管的额定电流则是指交流有效值。

3. 晶闸管的分类和标识

晶闸管的型号很多，按控制特性可分为单向晶闸管、双向晶闸管和可关断晶闸管 3 类。按功率大小来区分，晶闸管有小功率、中功率和大功率 3 种规格，一般从外观上即可进行识别。小功率管多采用塑封或金属壳封装；中功率管的控制极引脚比阴极细，阳极带有螺栓；大功率管的控制极上带有金属编织套。常见的晶闸管外形如图 1—42 所示。

（1）单向晶闸管。单向晶闸管简称 SCR，是一种三端器件，共有 3 个电极：控制极（门极）G、阳极 A 和阴极 K。单向晶闸管通常用在直流控制电路中。

（2）双向晶闸管。双向晶闸管的简称为 TRIAC，即三端双向交流开关的意思。双向晶闸管的 3 个电极分别是第一阳极、第二阳极和控制极，分别用字母 T1、T2、G 表示。

与单向晶闸管相比，双向晶闸管的特点是被触发后能双向导

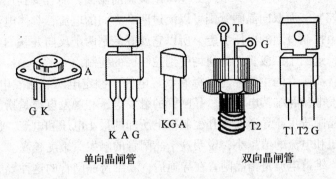

单向晶闸管　　　　　双向晶闸管

图 1—42　常见晶闸管的外形

通，电流可以从 T1 流向 T2，也能从 T2 流向 T1。双向晶闸管也具有去掉触发电压后仍能导通的特性，只有当 T1、T2 间的电压降低到不足以维持导通，或 T1、T2 间的电压改变极性时又恰逢没有触发电压，晶闸管才被阻断。所以，当需要晶闸管控制交流负载时，可使用双向晶闸管。它能代替两只反极性并联的单向晶闸管，而且仅需一个触发电路，是目前比较理想的交流开关器件。

（3）可关断晶闸管。可关断晶闸管亦称门控晶闸管，常用 GTO 表示。它的主要特点是，当门极加负向触发信号时能自行关断。

普通晶闸管控制极加上正向触发电压后导通，撤掉触发电压仍能维持导通状态。欲使之关断，必须切断电源，使正向电流低于维持电流，或施以反向电压强迫关断。这就需要增加换向电路，不仅使设备的体积和质量增大，而且会降低效率，产生波形失真和噪声。可关断晶闸管克服了上述缺陷，它既保留了普通晶闸管耐压高、电流大等优点，又具有自关断能力，使用方便，是理想的高压、大电流开关器件。

晶闸管器件表面上往往只标注型号，有的也标明额定电流或额定电压，更多的电气参数则需要查阅手册或凭经验估测。晶闸管的电路符号如图 1—43 所示。

单向晶闸管   双向晶闸管   可关断晶闸管

图 1—43   晶闸管的电路符号

第二单元　电热锅具

模块一　三角牌 DRG130 型多用调温电热锅

三角牌 DRG130 型多用调温电热锅的特点是功率大，热效率高，既可以煮饭又能烧菜烧汤，也非常适合当火锅使用。

一、电路结构和工作原理

三角牌 DRG130 型多用调温电热锅电路原理图如图 2—1 所示（为了使学习和实际相衔接，本书尽可能尊重原产品电路原理图），FU 是超温熔断器，ST1 是温控开关，SA 是弱火开关，VD 是整流二极管，ST2 是弱火温控器，R1、R2 是指示灯限流电阻，HL1、HL2 分别是加热指示灯和弱火指示灯，EH 是电热盘。烹饪时，接通电源并将调节钮调节到所需烹饪温度，此时 ST1 闭合，HL1 控制指示灯亮，EH 电热盘以全功率加热，当温度达到设定温度时，ST1 自动切断电源，HL1 控制指示灯灭。如需使用弱挡，将调节钮调到弱挡，使 SA 闭合，HL2 弱火指示灯亮，此

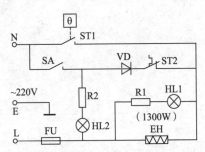

图 2—1　三角牌 DRG130 型多用调温电热锅电路原理图

时市电电源经 VD 半波整流后，再经 ST2 供电热盘两端电压约为 110 V。此时，电热锅处于弱火烹饪状态，EH 以半功率对食物进行保温。

二、常见故障检修

1. 故障现象：插上电源，超温熔断器熔断

锅内接线局部绝缘老化破损造成短路，或者是电热盘内部电热丝局部短路，或者是温控开关触点烧结粘连，以上三种原因都会使流经熔断器的电流超过限定值，导致熔丝熔断。

（1）故障原因一：电路接线局部绝缘老化破损造成短路。

检修方法：采用直观法对电热锅内部导线进行检查。如果导线老化，可更换新导线进行修复。如果原导线带有旗型插簧，也要用带旗型插簧的导线进行更换，并将导线破损处包扎绝缘，将插线端子重新插牢。

（2）故障原因二：电热盘内部电热丝局部短路。

检修方法：可使用万用表 $R \times 1$ 挡测量故障电热盘的直流电阻值。由于正常的电热盘的直流阻值为 40 Ω 左右，而故障电热盘内部的短路区域不会很大，所以测出的阻值与正常值相比不会有特别明显的区别，测量中一定要仔细。一旦确定是电热盘损坏，可更换同规格型号的电热盘。

（3）故障原因三：温控开关触点烧结粘连。

故障分析：温控开关触点烧结粘连，是由于温控开关老化失灵。当锅内温度超过保护温度时，温控开关触点不能断开，从而使温控触点流过比正常值大很多的电流，最终造成触点烧结粘连。

检修方法：如果是触点轻微氧化，可用 0 号砂纸对触点轻轻打磨进行恢复，如果触点烧灼严重，就要更换同规格型号的温控器。

更换熔断器时，一定要用同规格型号的进行更换，如：250 V/10 A、额定动作温度为 192℃ 的 RF 型复合式超温熔断器。

2. 故障现象：电热锅温度异常高，控制指示灯常亮

故障原因：温控开关 ST1 触点烧结粘连所致。

故障分析：电热锅功率较大，流过温控开关触点电流高达6 A，触点通电瞬间易产生电弧，长期使用会造成两触点粘连。

检修方法：更换新的温控开关。

3. 故障现象：温控指示灯亮，但电热锅不热

（1）故障原因一：电热盘插片与旗型插簧之间金属严重氧化或松脱，造成接触不良或不接触。

检修方法：更换新的旗型插簧，或者用尖嘴钳把旗型插簧插口压小一点，以便旗型插簧能插紧在插片上，使其接触良好。

（2）故障原因二：电热盘烧坏短路。

检修方法：用万用表 $R \times 1$ 挡测量电热盘直流电阻，阻值正常为 37 Ω 左右，若阻值为∞，说明电热盘损坏，应予以更换。

4. 故障现象：调节钮置弱火挡时，电热锅不热

（1）故障原因一：弱火开关 SA 触点接触不良。

检修方法：可用 0 号砂纸对 SA 的触点进行打磨维修或更换同型号的弱火开关。

（2）故障原因二：整流二极管 VD 击穿开路。

检修方法：用万用表（指针式）$R \times 1$ k 挡进行测量，黑表笔接二极管的正极，红表笔接二极管的负极，阻值应为 10 kΩ 左右；调换两根表笔后再次测量，阻值应为∞。如果测量出二极管损坏，应选用同型号的二极管进行更换。

（3）故障原因三：温控器 ST2 触点接触不良。

检修方法：用 0 号砂纸对 ST2 温控器的触点轻轻打磨修复，或用同型号的 ST2 温控器进行替换。

模块二　三星 CDDG-28 型自动保温电热锅

三星 CDDG-28 型自动保温电热锅采用不锈钢锅体、连体加热盘，装有三组加热器，有六种不同功率，具有加热均匀，升

温快、热效率高、不怕干烧和自动保温等特点。

一、电路结构和工作原理

三星 CDDG－28 型自动保温电热锅电路原理图如图 2—2 所示，RL1、RL2、RL3 为三组加热管，其功率分别为 300 W、600 W、900 W。DK1，DK2，DK3 为三组带灯开关，分别控制三组加热器的通断，可构成 300 W、600 W、900 W、1 200 W、1 500 W 和 1 800 W 六种功率组合，可根据需要选择合适的加热功率。S1、S2 为双金属限温器，常温下处于常闭状态。Ne1、Ne2 为氖泡指示灯，指示电热锅工作状态，R1、R2 为指示灯限流电阻。

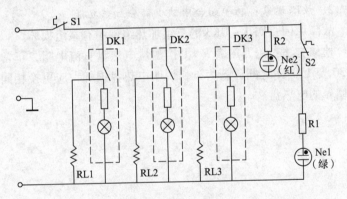

图 2—2　三星 CDDG－28 型自动保温电热锅电路原理图

接通 220 V 交流电源后，绿色指示灯 Ne1 亮，此时 RL3 通电开始加热，因为 S2 此时处于闭合状态，DK3 被短路，DK3 不能控制 RL3，此时只有 900 W、1 200 W、1 500 W 和 1 800 W 四种功率可供选择。当加热升温到一定温度（超过 70℃）时，S2 自动断开，此时绿色指示灯灭，电热锅继续以选定功率的方式工作，DK3 恢复对 RL3 的控制功能。如锅底超出了安全极限温度 240℃，S1 会自动断电保护，降温后能自动接通。饭煮好后，断开 DK1～DK3，电热锅进入自动保温状态，此时若锅内温度降至

70℃，限温器 S2 又会闭合，此时 RL1、RL2 不通电，电源通过 RL3 使红色指示灯 Ne2 灭而绿色指示灯 Ne1 亮，RL3 再次得电加热，如此反复，使电热锅自动保温，当不需要保温时，只需将电源插头拔去即可。

二、常见故障检修

1. 故障现象：接通电源后，绿色氖灯 Ne1 不亮，电热锅内不能升温至 70℃

故障原因：双金属限温器 S2 未处于常闭状态。

检修方法：检查 S2 的触点，如触点有轻微灼伤，可用 0 号砂纸对触点进行打磨修复，或更换同型号的部件。

2. 故障现象：功率组合中缺少部分加热功能

故障原因：DK1～DK3 的三组加热组件中有某组损坏。

检修方法：用万用表 $R \times 1$ 挡测量电热盘直流电阻，正常值在 30 至 100 Ω 之间，若为 ∞，说明电热盘损坏，应更换相同规格型号的电热盘。

第三单元　电子自动电压力锅

模块一　荣升 YB 系列保温式自动电压力锅

保温式自动电压力锅兼有电饭锅、压力锅的功能。具有煮饭、煮粥时米汤不外溢等优点。

一、电路结构和工作原理

荣升 YB 系列保温式自动电压力锅电路原理图如图 3—1 所示，FU 是超温熔断器，ST1 是限温开关，ST2 是保温开关，SP 是调压开关，R1 和 R2 是降压电阻，HL1 是加热指示灯，HL2 是保温指示灯，EH 是电热盘。

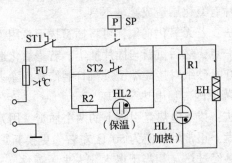

图 3—1　荣升 YB 系列保温式自动电压力锅电路原理图

接通电源，将调压旋钮顺时针旋到所需要挡位，SP 触点闭合，由于电热盘温度低于 105℃，限温开关 ST1 触点闭合，加热指示灯 HL1 亮，EH 开始加热，锅内压力逐渐增大，当达到设定压力时，按键自动复位，SP 触点断开，EH 停止加热，加热指示灯灭，保温指示灯亮，进入保温状态，当保温温度降到 70℃ 时，ST2 闭合，HL2 灭，HL1 亮，EH 继续加热。

二、常见故障检修

1. 故障现象：不能加热，指示灯不亮

（1）故障原因一：电源插件接触不良。

检修方法：用 0 号砂纸打磨去掉电源插件上的氧化层。

（2）故障原因二：电源线断线。

检修方法：连接断线点或更新电源线。

（3）故障原因三：超温熔断器熔断。

检修方法：首先检查压力锅内部是否有短路故障，如有短路现象，则先排除短路故障，然后更换新的同型号熔断器。

（4）故障原因四：限温开关触点氧化造成接触不良。

检修方法：用 0 号砂纸对触点进行打磨修复或更换新的同型号限温开关。

2. 故障现象：不能加热

（1）故障原因一：电热盘旗型插簧与插片之间有松动或旗型插簧、插片有氧化层造成接触不良。

检修方法：若无氧化现象，可将插簧拔下，用尖嘴钳把插簧的插口压小一点，然后重新与插片插牢。若是氧化造成的接触不良，则可用 0 号砂纸对接插端子进行打磨修复，除去氧化层。

（2）故障原因二：电热盘烧坏。

检修方法：拔下电热盘引脚上的两个插簧，用万用表 $R \times 10$ 挡测量电热盘，正常阻值应为 50 Ω 左右。更换新炉盘时，如发现旗型插簧已经过热（相当于退火，失去了弹性），也应更换旗型插簧。退过火的插簧颜色呈灰暗的黑红色（要有一定的检修经验，仔细观察才能看出）。

3. 故障现象：不能形成高气压

（1）故障原因一：锅体与锅盖扣合不到位，锅内不密封。

检修方法：重新放置锅盖。

（2）故障原因二：密封圈老化龟裂造成密封不严。

检修方法：更换同型号的密封圈。

（3）故障原因三：调压开关触点接触不良或损坏。

检修方法：用0号砂纸对触点进行打磨修复，或更换同规格型号的调压开关。

模块二　美的 CH60 型自动电压力锅

美的 CH60 型自动电压力锅具有电动定时保压，设置超温、限压、限温和泄压等多种安全保护功能。该锅加热功率为1 000 W，内锅口径 22 cm，容积 6 L，锅内工作压力约为 80 kPa，保温温度 60～80℃，保压时间为 0～30 min。

一、电路结构和工作原理

美的 CH60 型自动电压力锅电路原理图如图 3—2 所示。接通电源后，将定时器 PT 旋钮顺时针旋至对应保压时间挡位，定时开关闭合，此时定时器与定时电动机 M 处于联动状态，220 V电压与 ST1、SP、PT、EH、FU 构成通电回路。此后，加热指示灯 HL2 亮，电热盘 EH 开始加热。当锅内的压力达到工作压力80 kPa 时，SP 断开，EH 停止加热，加热指示灯 HL2 灭，保压指示灯 HL1 亮，自动进入保压状态，同时 M 转动带动定时器逆时针方向转动，保压计时开始。当锅内压力低于 50 kPa 时，SP闭合通电，EH 加热。当锅内压力高于 80 kPa 时，SP 断开，EH停止加热。如此反复，当定时器转回关位置时，定时开关断开，加热完成。

保温电路由温控器 ST2、电热盘 EH、熔断器及加热指示灯 HL2、保温指示灯 HL3 等元件组成。当定时器 PT 转回到关断时，电压力锅进入保温状态。当锅内温度高于 80℃时，ST1 断开，EH 停止加热。当锅内温度低于 60℃时，ST2 闭合通电，EH

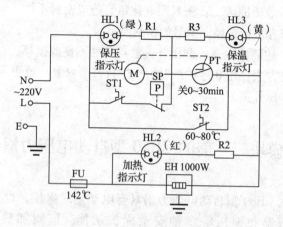

图 3—2　美的 CH60 型自动电压力锅电路原理图

开始加热。如此反复，EH 间断性加热，HL2、HL3 交替亮灭，使锅内温度维持在 60～80℃ 范围内。

电路中，ST1、FU 分别是限温、超温保护元件。当空烧或锅内温度超过设定温度时，EH 立即产生高热量传给 ST1，强制触点断开电源，自动退出加热状态。当锅内温度上升到极限温度或电路发生短路故障时，FU 自动熔断，切断整机电源，起到安全保护的作用。

二、常见故障检修

1. 故障现象：接通电源，整机不通电

故障原因：FU 熔断。

故障分析：将定时器旋至任意挡位，用万用表 $R \times 1$ 挡测量电源插头 L 脚与 N 脚之间的阻值，正常值为 48 Ω 左右。如果测量出的直流阻值很小，说明加热及保压电路相关元件有短路故障；如果阻值很大，则是有断路故障。

检修方法：打开锅体底盖，用万用表测量电热盘 EH 电阻值，正常应为 48 Ω 左右。然后再分别检查测量 ST1、SP、PT、FU，如阻值均为 0，则为正常；如测出某个部件的阻值为 ∞，则说明该部件已损坏。用同型号的部件更换损坏部件即可。

2. 故障现象：指示灯亮，但锅不加热、不升压

故障原因：电热盘损坏。

故障分析：电压力锅不加热不升压，但加热指示灯亮，说明加热、保压电路通电。这种现象大多数是电热盘有故障。

检修方法：用万用表测量电热盘 EH 直流电阻值，正常应为 48 Ω 左右。再检查 EH 两脚接线柱螺钉，并拆下接线片进行检测。因为这些部件在压力锅工作时，长时间有大电流通过，如发现接线柱螺钉或接线片有严重烧灼氧化现象而导致不通电，应更换新接线片，从而彻底排除故障。

3. 故障现象：转动定时器各挡不能计时

检修方法：检查定时开关，如通断性能良好。再测量定时电动机 M 电阻值，正常值为 9.5 kΩ，若为 ∞，说明定时电路有故障。如确定电动机 M 绕组有断路，应更换新电动机排除故障。

4. 故障现象：烹饪结束，不进入保温状态

检修方法：温控器 ST2 使用频繁，而且工作时电热盘电流很大，如果在商品运输中造成接触不良，则电压力锅在长期使用下，很容易导致温控器触点烧灼。若温控器 ST2 的触点已经有烧灼现象，应更换新的温控器；若触点轻微氧化，用 0 号细砂纸打磨触点即可。

5. 故障现象：锅盖漏气

故障分析：如果密封胶圈已放入锅盖，锅盖也盖好，还出现漏气现象，多数是密封胶圈老化或变形开裂引起漏气。

检修方法：更换新密封胶圈。

第四单元　抽油烟机

模块一　高宝 KCA－228A 型全自动抽油烟机

高宝 KCA－228A 型全自动抽油烟机能有效地排除烹调时所产生的油烟等有害气体。

一、电路结构和工作原理

高宝 KCA－228 型自动抽油烟机电路主要由气敏检测电路、报警电路和排风控制电路等组成，如图 4—1 所示。所有的控制均由一块 4 运放集成电路 IC1 完成。气敏检测电路主要由 IC1-c 和气敏传感器 MQ－211 等组成。电路接通电源后，12 V 电压对气敏传感器的 2 脚与 5 脚间的灯丝进行加热，使气敏半导体得以激活。10 秒左右灯丝加热到达稳定状态，既进入正常的监控状态，绿色发光管亮。此时，IC1-a 的 2 脚为高电平 12 V，3 脚约 8 V，1 脚输出低电平 0 V，12 V 电压经 R1、R2 分压后，使 IC1-c 的 9 脚获得约 4 V 电压。因气敏传感器平时呈高阻状态，使 10 脚电平低于 4 V，故 IC1-c 的 8 脚输出低电平，从而使 IC1-d 和 IC1-b 均输出低电平，蜂鸣器不发声，VT 截止，继电器 K 不吸合，整机处于待命状态。当煤气浓度达到一定程度时，气敏传感器的 1、3 脚与 4、6 脚之间的阻值就会变小，气敏传感器 5、7 脚输出信号电压与 RP、RT 的分压，使 IC1-c 的 10 脚电压超过 4 V，这时 IC1-c 翻转，输出 12 V 高电平。高电平使 IC1-c 第 8 脚电平升高，比 IC1-d13 脚的 8 V 电平高出 4 V，于是导致 IC1-d 翻转，使第 14 脚输出高电平，推动蜂鸣器 HA 发出报警声。同

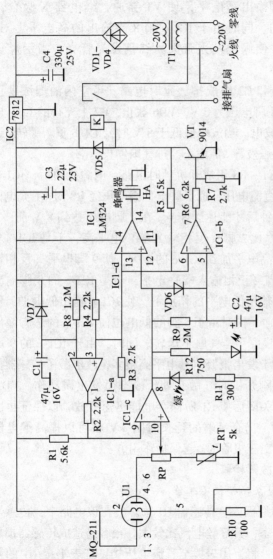

图 4—1 高宝 KCA-228 型自动油烟机电子监控电路原理图

时，IC1-c 第 8 脚输出的高电平的另一路经过 VD6 使 IC1-b 翻转，使第 7 脚输出高电平，使 VT 导通，继电器 K 吸合，排风扇电机转动。同时由于 IC1-c 第 8 脚输出的高电平，对 C2 进行充电，并使绿色发光管灭，红色发光管亮，指示煤气油烟超标。

VD6、R9 和 C2 组成排气延时电路。当室内油烟浓度正常后，IC1-c 第 8 脚电压为 0 V，VD6 截止，C2 上充得的 12 V 电压只能通过 R9 放电。当放电值低于 8 V 时，IC1-b 重新翻转，7 脚输出低电位，三极管 VT 截止，排气扇停止。

IC1-a 与 C1、R8 组成开机延时电路。电源接通后，IC1-a 的 3 脚获得 8 V 直流电压，而 2 脚电位因电压经 R8 对 C1 充电而缓慢上升，数秒钟后才能达到 8 V。在 2 脚电压达到 8 V 前，3 脚（正相输入端）比 2 脚（反相输入端）电平高，于是 IC1-a 的 1 脚为高电平。高电平加到 IC1-c 的 9 脚，使 9 脚电平（反相输入端）高于 10 脚（正相输入端）电平，于是 IC1-c 的 8 脚输出低电平。在 8 脚输出低电平的作用下，使 IC1-d 输出低电平，使蜂鸣器 HA 不发声。同时由于 5 脚的低电位使 IC1-b 的 7 脚输出低电平，使 VT 截止，排气扇不运转。同时，由于 IC1-c 的 9 脚电平比传感器处于发出报警信号电平高很多，故屏蔽了传感器控制信号，防止了刚开机时气敏头处于冷态而发生误动作。VD7 的作用是在电源关闭后使 C1 所储存电能迅速释放，以保证再次开机间隔较短时，仍有足够的延长时间，VD5 可以提高继电器的释放速度，并对三极管 VT 起保护作用。

二、常见故障检修

1. 故障现象：整机不工作

（1）故障原因一：传感器 U1 损坏。在该电路中，传感器一直处于工作状态，其灯丝电流比较大，很容易造成传感器损坏。

检修方法：将万用表拨至直流电压挡，红表笔接 U1 的 4 脚或 6 脚，黑表笔接电路的"地"，用打火机对着 U1 上部的防护网喷出气体（不是明火），观察电压读数应有明显上升，可以多试几次，每次之间要间隔几秒钟。如果读数没有变化，说明 U1 已损坏。用新的同型号气敏元件进行更换。

另外，可以检查 U1 与插座之间是否有氧化现象。如果 U1 引脚有氧化现象，用 0 号砂纸轻轻打磨进行修复；如果是插座有氧化现象，则需更换新的插座。

（2）故障原因二：电容 C1 击穿。造成 IC1-a 的 1 脚始终输出低电平，抑制了 IC1-c 输入端对气敏传感器信号的判断，使整机不能正常工作。

检修方法：更换性能良好，即漏电性能好的电容。

（3）故障原因三：RP 接触不良。电位器 RP 对气敏传感器信号具有灵敏度调节和信号输出的双重作用。当 RP 接触不良时，气敏传感器输出至 IC1-c 第 10 脚的信号就会偏离正常值，从而使后续电路不能正常工作。

检修方法：更换性能良好的电位器。

另外，传感器长时间处于较大灯丝电流的状态下，所以很容易造成老化从而使灵敏度下降。在一般情况下，调节一下电位器 RP，就能恢复整机的正常工作。

（4）故障原因四：电源变压器损坏。

检修方法：用万用表测量变压器的一次绕组的直流阻值，可采用测量电源插头的两个插片的方法来进行。正常的直流阻值应为 1.5 kΩ 左右。如果阻值为 ∞，则说明变压器一次绕组已开路损坏。更换新的变压器即可，但要注意一次绕组与二次绕组的引线不能接错。

2. 故障现象：电动机不转

（1）故障原因一：电动机启动电容损坏。

故障分析：启动电容开路或短路损坏，都会造成电动机不转。如启动电容开路，则电动机没有起步力矩，不能运转；如启动电容短路，相当于启动绕组短路，电动机便不能运转。如果是启动电容短路，在电动机接通电源的情况下会有很大电流流过损坏的电容，通常会造成熔断器熔断。如果电动机不转，而熔断器完好，表明电容开路的可能性较大。

检修方法：用万用表 $R \times 10$ k 挡测量启动电容，当每次交换红黑表笔进行测量时，万用表都应有一次充电现象，即指针向右（小阻值方向）摆动，然后慢慢回到 ∞ 位置（表示充电结束）。如无上述现象，说明启动电容损坏，替换新的启动电容即可。

（2）故障原因二：继电器损坏。

故障分析：继电器为电动机提供通电回路，如果继电器损坏，电动机就不能启动。通常继电器损坏有两种情况，一是继电器触点损坏，二是继电器线圈开路损坏。

检修方法：将继电器的两个触点引脚用一根导线连接，通电后电动机若能启动，则说明是继电器线圈损坏，如电动机不能启动，可能是继电器绕组损坏。用万用表 $R \times 10$ Ω 挡测量继电器绕组，阻值通常都在 400 Ω 左右。如果阻值为 ∞，则说明继电器线圈损坏，更换新的继电器即可。

模块二　玉立 CST – 8 – 170 型抽油烟机

一、电路结构和工作原理

玉立 CST – 8 – 170 型抽油烟机电路原理图如图 4—2 所示。开机后，VD5 两端有 9 V 稳定电压，该电压为控制电路提供工作电源。当室内油烟浓度较低时，气敏元件 U1 呈高阻状态，使时基电路 NE555 的 6 脚输入端为低电平，3 脚输出高电平，使 K 释放，其两个触点断开，控制电动机不运转，LED2 发光。同时 NE555 第 7 脚输出高电平，VT 截止，音频振荡电路不起振。反之，当室内油烟浓度达到一定值，NE555 的 5 脚、2 脚输入高电平，3 脚、6 脚输出低电平，K 吸合，控制电动机运转；同时

VT、T1、C1 以及 R7～R9 组成的振荡电路起振，HA 发出报警声，LED1 发光。

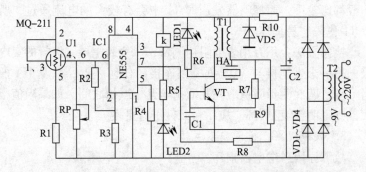

图 4—2　玉立 CST－8－170 型抽油烟机电路原理图

二、常见故障检修

1. 故障现象：整机不工作

故障原因：气敏传感器 U1 损坏或接触不良。

检修方法：用万用表电压挡测量电阻 R1 两端电压，然后用欧姆定律算出 U1 的工作电流。正常情况为 50～80 mA。如果 U1 的工作电流正常，则可能是 U1 老化造成 RP 原先的调节位置失调。重新调整 RP 位置，即可恢复正常。判断 U1 是否还有气敏传感效果，可用万用表电压挡测量 U1 的 4 脚、6 脚与"地"之间的电压值，同时用打火机对着 U1 上部的防护网喷气，读数应升高。多试几次，如果电压始终没有变化，则表明 U1 已老化失效，应更换新的传感器。

由于气敏传感器的工作环境比较恶劣，油烟对元器件有较大的氧化作用，所以传感器引脚与插座之间极易产生氧化膜。一旦发生氧化，传感器的引脚可以用 0 号砂纸轻轻打磨处理，而氧化的插座则需更换新的。

2. 故障现象：无报警声

故障原因：变压器 T1 损坏

故障分析：T1 是一个升压变压器，其目的是在 HA 两端施加较高的脉冲电压，才能推动压电陶瓷片发声。由于 T1 的线径一般都比较小，而蜂鸣器发声时 T1 中会有较大的电流通过，所以 T1 比较容易损坏。

检修方法：用万用表电阻挡测量，一个表笔接三极管的集电极，另一个表笔接与 VD5 负极相连接的任何一点，以及 HA 的另一端，两次测量阻值应在几欧姆至几十欧姆之间。如果阻值很大，则说明 T1 已损坏。应用新元件进行更换。

3. 故障现象：排风扇不运转

故障原因：继电器损坏。

故障分析：电动机电源回路是由继电器触点控制的，如果继电器不动作或触点接触不良，都会造成电动机不运转。

检修方法：用万用表 50 mA 以上直流电流挡位测量，两支表笔分别接 IC1 的 6 脚和 9 V 点上，继电器应吸合，排风扇电动机启动。如电动机不启动，则说明继电器损坏。继电器损坏有两种可能，一是继电器的线圈损坏，二是继电器的触点损坏。如果是继电器损坏，应用相同型号的继电器进行更换。

4. 故障现象：自动控制电路的灵敏度低

故障原因：灵敏度电位器失调。

故障分析：主要是气敏传感器因长期使用而导致轻微的灵敏度下降。

检修方法：调整灵敏度电位器 RP，若无效，则可能是传感器探头外层网罩附着油污太多，气敏管表面有污物或气敏头老化，这种情况应该更换新的气敏头。如果调整 RP，电位器时好时坏，则应更换新的电位器。更换新电位器后，应进行灵敏度调整。方法是：通电后，让传感器预热 1 分钟以上，然后慢慢调节 RP，使继电器吸合，电动机启动运行。

第五单元　食物电动加工机

模块一　希贵 JLL30 – A 型食物搅碎机

一、电路结构和工作原理

希贵 JLL30 – A 型食物搅碎机
电路原理如图 5—1 所示，该机使
用 220 V、300 W 串励式交、直流
两用电动机，其连续工作时间为
1 分钟左右。使用时插上电源并放
好所要搅碎的食物，按下面板上

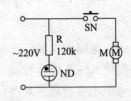

图 5—1　希贵 JLL30 – A 型食物
搅碎机电路原理图

的电源开关 SN，电动机 M 就会高速运转并带动刀具对食物进行
搅拌和碾碎。

二、常见故障检修

检修前应确保电源插头处于拔下状态，以免检修中发生触电
事故。

1. 故障现象：电源指示灯不亮，但电动机正常运转

故障原因：导线脱落、电阻 R 断路或焊接不良、氖泡指示
灯损坏。

检修方法：用万用表测量电阻 R 和氖泡指示灯 ND，电阻应
该是阻值正常，氖泡的测量结果正常应该是呈现无穷大阻值。测
量并找出具体损坏元件后，用新元件更换即可。

2. 故障现象：指示灯亮但电动机不转

故障原因：开关损坏或接触不良，电动机可能损坏。

检修方法：使用指针式万用表的 $R \times 1$ 至 $R \times 10$ 挡。检查开关时用两根表笔接触开关的两根引脚，然后按下开关按钮，阻值应为 0。如在测量中出现指针摆动现象，说明开关有接触不良故障；如测量的阻值不是 0，则说明开关内部的触点灼伤严重。更换新的同型号开关即可排除故障。

在检查电动机时，如电刷正常，则一般是电动机绕组烧坏。用万用表测量电动机绕组的阻值应为几欧姆。

模块二　南穗 KJ-3 型食物搅碎机

一、电路结构和工作原理

南穗 KJ-3 型食物搅碎机具有转速高、启动转矩大、转速可调且体积小等特点，其电路原理图如图 5—2 所示。

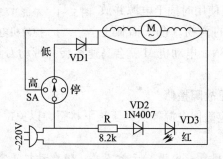

图 5—2　南穗 KJ-3 型食物搅碎机电路原理图

插上电源插头后，电源指示灯 VD3 亮，当调速开关 SA 置于低速挡位时，220 V 交流电经整流二极管 VD1 半波整流后向电动机 M 供电，M 以低速经传动轴连接器带动刀具加工食物。当 SA 置于高速挡时，220 V 电源直接加到电动机 M 上，M 则以高速带动刀具加工食物，由于串励式电动机转速很高，在使用中连续运转时间一般在 1 分钟内，否则容易损坏电动机。

二、常见故障检修

检修前应确保电源插头处于拔下状态，以免检修中发生触电事故。

1. 故障现象：电动机转动但电源指示灯不亮

检修方法：首先用观察法检查电路各焊点有无虚焊现象，再用万用表测量检查 R、VD2 和 VD3 是否损坏，直至排除故障。

2. 故障现象：电动机可以低速运转，但不能高速运转

（1）故障原因一：调速开关 SA 高速挡触点氧化导致接触不良。

检修方法：用万用表 $R \times 1$ 挡进行测量。测量时一根表笔连接调速开关的动旋转臂的输出引脚，另一根表笔分别连接高速挡触点引脚和高挡触点引脚，阻值正常应为 0。否则应更换新的调速开关。

（2）故障原因二：电动机碳刷磨损后与换向器接触不良。

检修方法：更换新的碳刷。

3. 故障现象：电动机运行噪声大

故障原因：电动机长期使用，会出现转动轴连接器磨损现象，造成转动轴连接器与轴啮合不良。

检修方法：更换新的转动轴连接器。

4. 故障现象：电动机中有糊味

故障原因：电动机工作时间过长，使绕组发热严重，导致电动机绕组的绝缘漆脱落，造成绕组局部短路。绕组局部短路后，阻值减小，电流增大，发热更加严重，发出糊味。

检修方法：更换新电动机。

第六单元 电 暖 器

模块一 美的 NYK 系列充油式电暖器

一、电路结构和工作原理

充油式电暖器又称为电热汀，是利用电热管通电发热，加热密封在散热器中的导热油，受热的导热油上下对流循环，将热量传导给散热器散热，达到加热室内空气取暖的目的。如图 6—1 所示，电路中 XP 是电源插头，ST 是一种双金属片结构的温控器，SB1 是低功率开关，R1、R2 是降压电阻，HL1、HL2 是指示灯，EH1 是低功率电热管，EH2 是中功率电热管，FU 是超温熔断器。接通电源，将 ST 顺时针旋到最高温度处，根据加热需要闭合 SB1 或 SB2，相应的指示灯亮，电热管开始发热。当电暖气温度达到温控点时，ST 温控器触点分离，切断电热管的加热回路，同时指示灯熄灭。当电暖气的温度下降到一定值

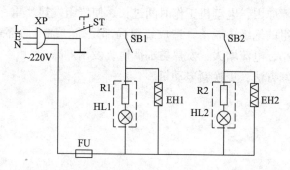

图 6—1 美的 NYK 系列充油式电暖器电路原理图

时，ST 温控器触点再次闭合，指示灯亮起。周而复始，ST 处于间歇通电状态，电暖器自动进入恒温状态。

二、常见故障检修

1. 故障现象：电暖器指示灯不亮，散热片不热

（1）故障原因一：熔断器熔体熔断。

故障分析：电暖器长期工作在最高加热状态，使熔体出现老化现象。

检修方法：用万用表测量 FU，如果熔体已熔断，更换同规格的熔体即可，更换时切不可增加熔体的电流等级，避免日后损坏其他部件。

（2）故障原因二：旗型插簧损坏。

故障分析：电暖器长期处于大电流状态下工作，使旗型插簧与电热管插片之间的连接发热而逐渐增加了接触电阻，导致发热越来越严重，最终造成氧化而形成断路。

检修方法：更换新的旗型插簧。

（3）故障原因三：温控器失灵。

故障分析：温控器长期使用，其触点动作频繁引起拉弧，造成触点烧蚀导致接触不良，直至彻底损坏。

检修方法：更换新的同规格型号的温控器即可。

2. 故障现象：指示灯亮但发热量不足

故障原因：两组电热管中只有一组工作，另外一组被烧断或接触不良。

修理方法是：更换新的电热管即可。

3. 故障现象：某指示灯不亮但电暖气发热

故障原因：开关内小灯泡损坏。

检修方法：更换同型号小灯泡。

模块二 美的 XSM1500 型 PTC 暖风机

一、电路结构和工作原理

美的 XSM1500 型 PTC 暖风机电路原理图如图 6—2 所示。

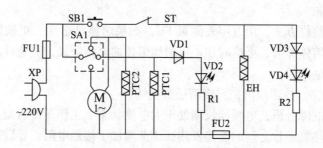

图 6—2 美的 XSM1500 型 PTC 暖风机电路原理图

1. 加热送风电路

接通电源，220 V 市电经超温熔断器 FU1 加到两挡热风功率选择开关 SA1，取暖需将 SA1 置低挡或高挡，无论低挡或高挡，电源均经 VD1 半波整流，R1 降压，使加热风指示灯 VD2 发光。陶瓷发热体 PTC1 可以单独发热，或与 PTC2 共同发热对周围空气加温。空气从进风口进入，经过滤网过滤，并通过风扇将热空气从出风口送出。

2. 加湿电路

打开加水盖向水箱注入清水至水位尺处，然后按下加湿开关 SB1，220 V 市电经超温熔断器 FU1、FU2、限温器 ST 为加湿电热器 EH 供电，对水箱水加热，电源还经 R2 降压、VD3 半波整流使加湿器指示灯 VD4 亮，水箱水沸腾后，蒸汽从出气孔冒出，对空气加湿，当水箱水量低于设定水位时，ST 将间歇地断开电源，加湿器灯 VD4 交替亮灭，以提示用户加水。

二、常见故障检修

1. 故障现象：不送暖风，不能加湿

故障原因：熔断器 FU1 损坏，造成暖风电路与加湿电路无法工作。

检修方法：更换同型号的熔断器。

2. 故障现象：指示灯亮能送暖风，但温度低

故障原因：陶瓷发热体插件松动或损坏。

检修方法：用万用表 $R \times 1$ 挡测量陶瓷发热组件的电阻值，正常阻值应是几欧姆。如果损坏，更换新的同规格陶瓷发热组件即可；如果是旗型插簧氧化或损坏，只要更换旗型插簧即可。

3. 故障现象：送暖风正常，但指示灯 VD2 不亮

故障原因：指示灯 VD2 或 R1，或 VD1 损坏。

检修方法：用万用表 $R \times 10 \mathrm{k}$ 挡测量 VD2，当正向测量（黑表笔接 VD2 的正极，红表笔接 VD2 的负极）时，VD2 应有微亮，否则就是 VD2 损坏。测量 VD1 应选用 $R \times 1 \mathrm{k}$ 挡，正向阻值应为 $10 \mathrm{k}\Omega$ 左右，反向阻值因为 ∞，否则就是 VD1 损坏。更换相应的元件，即可修复以上故障。

4. 故障现象：不能加湿

（1）故障原因一：加湿熔断器损坏。

检修方法：更换同规格熔断器即可修复。

（2）故障原因二：加湿开关或限温器触点接触不良。

检修方法：选用万用表 $R \times 1$ 挡进行测量判断。用表笔连接限温器两个引脚，其阻值应为 0。如果引脚上有轻微氧化，可用表笔在引脚上轻轻滑动，以便测量时接触良好。测量开关 SB1，阻值也应为 0。如果 SB1 与 ST 损坏或接触不良，都应该更换新的部件进行修复。

（3）故障原因三：加湿电热器损坏。

检修方法：更换新的部件即可。

模块三 美的 LS9 型远红外电暖器

一、电路结构和工作原理

远红外电暖器是利用石英电热管发出远红外线，直接转变为热能，从而达到取暖目的。美的 LS9 型远红外电暖器电路原理图如图 6—3 所示，图中 XP 是电源插头，S1 是倾倒安全开关，S2 是定时器开关，S3 是功能转换开关，EH1、EH2 是石英电热管，S4 是摆动开关，MS 是摆动式永磁同步电动机。将 XP 插入 220 V 市电后，S1 自动接通电源，将 S2 置 ON 位置，S3 依次置 1、2、3 挡，电暖器分别为 EH1 单管发热、EH1 与 EH2 双管发热和双管发热带摆动，若需定时，可将定时器定在所需位置，倾倒开关 S1 是该电暖器的安全保护部件。

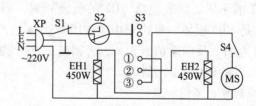

图 6—3 美的 LS9 型远红外电暖器电路原理图

二、常见故障检修

1. 故障现象：接通电源电热管不发热

故障原因：发热管接线端子氧化或发热管损坏。

检修方法：用观察法检查接线端子有无氧化现象，如有，则更换新的旗型插簧，并要将连接线与旗型插簧接触良好。如果发现连接线有老化现象，也应同时将连接导线进行更换。如接线端子良好，则用万用表对发热管进行测量，其正常阻值在 100 Ω 左右。如果确定发热管已损坏，应选用相同规格型号的发热管进行替换。在替换过程中，应将旗型插簧用尖嘴钳将插口压紧一点，然后插入发热管的插片上；同时要将发热管固定好，还要整理好连接导线，让导线尽量远离发热管。

2．故障现象：2 挡位置只有一根电热管发热

故障原因：功能转换开关 S3 触点氧化或损坏。

检修方法：用万用表 $R \times 1$ 挡对 S3 进行检查，如接触不良或触点氧化严重，应更换新元件。

3．故障现象：3 挡位置不摆动

（1）凸轮、连杆相关锁点不牢，引起凸轮或连杆脱落，将锁点重新锁牢。

（2）摆杆受阻电动机负载加重，引起传动齿轮断齿。更换新部件。

（3）永磁同步电动机接线端子氧化、松动。用尖嘴钳夹紧修复或更新元件。

（4）永磁同步电动机损坏，更换新永磁同步电动机。

第七单元　冷暖空调扇

模块一　高宾 LP－12C 型冷暖空调扇

一、电路结构和工作原理

1. 制冷、制热原理

空调扇的制冷原理是利用水的蒸发携带热量散发而制冷。空调扇中的水箱应按刻度注入水，也可加入冰块提高制冷速度。空调扇工作时，滚动式水帘被冰水泡湿，由加湿电动机带动水帘作上下运动，使水帘上的水不断吸收空间的热量使空气降温，少量的水变成水蒸气，以增大空气的湿度，达到降温的目的。

高宾 LP－12C 型冷暖空调扇电路如图 7—1 所示。该冷暖空调扇由制冷送风电路与制热送风电路组成。

2. 制冷送风电路

制冷送风电路包括：制冷、送风两部分，将本机接入市电，定时器 PT 置所需时间挡位，电源指示灯 VD2 发光，表示空调扇已接通电源。旋转风速开关 SB1，可设置微风、弱风、强风挡，风扇电动机 M1 转动，分别吹出常温的微风、弱风、强风。如按下制冷开关 SB2，制冷指示灯 VD4 亮，电动机 M2 带动滚动式水帘上下滚动吸收空气的热量。在风扇电动机 M1 吹出冷风的作用下，使室内湿度增大，温度降低。若按下风向开关 SB3，风向指示灯 VD6 亮，风向电动机 M3 转动，通过连杆带动导风片以水平120°的角度左右摆动，实现自动扫风。

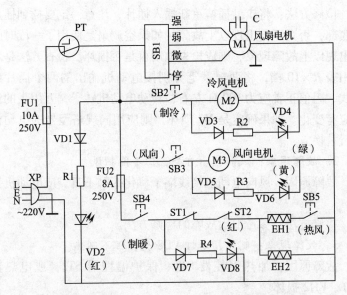

图7—1 高宾 LP－12C 型冷暖空调扇电路原理图

3．制热送风电路

按下制热开关 SB4，加热指示灯 VD8 亮，市电经超温熔断器 FU1、定时器 PT、超温熔断器 FU2、制暖开关 SB4、加热温控器 ST1、保护温控器 ST2 和暖风电热器 EH2 构成回路，EH2 发热，M1 带动风扇吹出温度相对较低的热风。如按下高热开关 SB5，电热器 EH1 和电热器 EH2 同时发热工作，M1 带动风扇吹出较高的热风。

二、常见故障检修

1．故障现象：制冷指示灯亮，但不能制冷

故障原因：接线端子松动，或电动机 M2 烧坏。

故障分析：工厂为了安装与维修方便，电动机的输出端口一般都采用接线端子进行连接。如果接线端子没有插好，在产品运输过程中可能会造成接触不良，使用时就会出现电动机 M2 不工作的故障。

检修方法：将旗型插簧重新插入插片，注意一定要插到插片的底部，否则还会出现以上故障。如果空调扇是使用了一段时间后出现以上故障现象，则应检查电动机是否损坏。检查方法是用万用表 $R \times 10$ 挡，将两根表笔分别接电动机输出的两个插片或引线，阻值正常应为 $100\ \Omega$ 左右；转动电动机转子，万用表的读数应有变化。如果确定是 M2 损坏，则应用同规格型号的电动机进行替换。

2. 故障现象：风向指示灯亮，但不能扫风

故障原因：风向电动机接线端子氧化接触不良，或电动机损坏。

检修方法：参考上面故障的检修方法。

3. 故障现象：制热指示灯 VD8 亮，但不制热

故障原因：加热温控器 ST1、保护温控器 ST2，或电热器 EH1、EH2 损坏。

故障分析：制热指示灯 VD8 亮，说明超温熔断器 FU2 完好，制热开关正常。而电路图中制热开关向右的部件出现了故障。如加热温控器 ST1 或保护温控器 ST2 损坏。如果是制热温度低，则是开关 SB5 损坏，或是高温电热管 EH1 损坏。

检修方法：用观察法检查 ST1 和 ST2 触点是否完好，如有轻微灼伤，可用 0 号砂纸对其打磨修复，如果灼伤比较严重，就要更换新部件进行替换。ST1 和 ST2 的引脚通常为插片形式，则更换 ST1 或 ST2 后，在将旗型插簧插入时，要用尖嘴钳将旗型插簧的插口压紧一点，使插簧与插片有良好的接触效果。

4. 故障现象：各功能正常，但有某指示灯不亮

故障原因：某指示灯的电路元件损坏。

检修方法：用万用表测量不亮指示灯回路的限流电阻和指示灯是否损坏。用新元件替换损坏元件即可。

模块二 格力 DF168 型冷暖空调扇

一、电路结构和工作原理

格力 DF168 型冷暖空调扇电路原理图如图 7—2 所示。

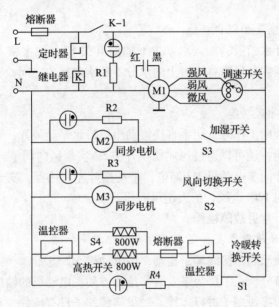

图 7—2 格力 DF168 型冷暖空调扇电路原理图

1. 风扇功能

接通电源，定时器选在任意位置时，红色指示灯亮，继电器 K 吸合通电，其常开触点 K-1 闭合，风扇电动机 M1 转动。风速可通过调速开关选择强风、弱风、微风，实现风扇的调速功能。

2. 暖风功能

接通冷暖转换开关 S1，800 W 电热丝通电加热，如同时按下高热开关 S4，两组 800 W 电热丝同时工作，配合调速开关，可实现高热强风、高热弱风、高热微风，低热强风、低热弱风、低热微风。

3. 冷风机功能

在机顶储冰箱内放入冰块，冰融化后流入冷水箱，使机内冷水温度比室内温度低。开机后，按下加湿开关 S3，红色加湿灯亮，水帘同步电动机 M2 通电转动，带动水帘运转，吹出比室温低的风。

4. 空气加湿机功能

打开水箱盖，加入水，按下加湿开关 S3，使水帘不断循环转动，经内部风扇将水帘上的水分不断吹向室内空间，实现加湿功能。

5. 导风功能

空调扇工作时，用手直接拨动出风口水平导风片，实现上下导风功能，还可以通过风向切换开关 S2 实现风向调整。S2 闭合后，摆叶同步电动机 M3 通电，带动摆叶左右摇摆，实现出风口水平方向 120°送风，扩大送风面积。

二、常见故障检修

1. **故障现象**：加湿指示灯亮，但不能加湿

故障原因：接线端子松动，或电动机 M2 烧坏。

故障分析：工厂为了安装与维修方便，电动机的输出端口一般都采用接线端子进行连接。如果接线端子没有插好，在产品运输过程中可能会造成接触不良，使用时就会出现电动机 M2 不工作的故障。

检修方法：将旗型插簧重新插入插片，注意一定要插到插片的底部，否则还会出现以上故障。如果空调扇是使用了一段时间后出现以上故障现象，则应检查电动机是否损坏。检查方法是用万用表 $R \times 10$ 挡，将两根表笔分别接电动机输出的两个插片或引线，阻值正常应为 100 Ω 左右；转动电动机转子，万用表的读数应有变化。如果确定是 M2 损坏，则应用同规格型号的电动机

进行替换。

2. 故障现象：风向指示灯亮，但不能扫风。

故障原因：风向电动机 M3 接线端子氧化造成接触不良，或是风向电动机 M3 损坏。

检修方法：参考上面故障的检修方法。

3. 故障现象：加热指示灯亮，但不加热

故障原因：（1）熔断器熔断。（2）温控器触点损坏。（3）电热丝损坏。

故障分析：加热指示灯亮，说明 S1 开关正常。

检修方法：（1）用万用表测量熔断器的阻值应为 0，否则就是熔断器已熔断，可更换同规格的熔断器进行修复。（2）温控器损坏一般表现是其触点烧灼。如轻微灼伤，可用 0 号砂纸对灼伤处进行轻轻打磨修复；如严重灼伤，则要更换同型号的温控器。（3）电热丝两组同时损坏的概率比较低。可用万用表对电热丝的引脚进行测量，其正常阻值为 4 Ω 左右。如更换电热丝，一定要检查旗型插簧是否完好，在插入电热丝的插片前，要将插簧的插口进行压紧处理，且一定要将插簧插到插片的底部。

4. 故障现象：各功能正常，但有某指示灯不亮

故障原因：某指示灯的电路中的元件损坏。

检修方法：用万用表测量某指示灯不亮回路的限流电阻和发光二极管，然后对损坏元件进行更换。

第八单元　空气清新器与加湿器

模块一　臭氧型空气清新器

一、电路结构和工作原理

臭氧型空气清新器电路原理图如图8—1所示。程控器开关闭合后，电源通过低压熔断器使风机、高压变压器和指示灯得电，指示灯亮起，高压变压器的高压侧输出3 000 V以上高压，经过高压熔断器后，加在臭氧发生管上，使臭氧发生管发出臭氧，并在风机的作用下，快速散发到室内空间，使室内的空气得到净化。

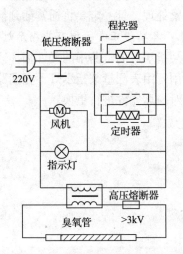

图8—1　臭氧型空气清新器电路原理图

二、常见故障检修

1. 故障现象：接通电源后指示灯不亮，无臭氧发生

故障原因：低压熔断器损坏或程控器开关损坏。

故障分析：低压熔断器熔断，就切断了高压变压器，以及指示灯的通电回路，所以，整机不能工作。

检修方法：更换同规格型号的熔断器。切不可擅自增加熔断器的电流值。如果是程控器开关损坏，修复或更新即可。

2. 故障现象：接通电源后指示灯亮，有臭氧发生，但风机不转或转动异常。

故障原因：可能是风机损坏。

故障分析：风机在臭氧型空气清新器中是全天候工作的，当连续工作数月后，质量差的风机就容易出现故障，例如噪声增大，甚至是损坏。

检修方法：用万用表 $R \times 100$ 挡测量电动机绕组的阻值应为 2 kΩ 左右。如果电动机损坏，可用同规格型号的电动机替换。

3. 故障现象：开机后，指示灯亮但无臭氧发生

故障原因：（1）高压变压器故障。（2）高压熔断器损坏。（3）臭氧管损坏。

故障分析：指示灯亮，说明低压熔断器、程控器和定时器都完好，则故障仅在臭氧发生器部分。臭氧发生器由一个升压变压器和一个臭氧管组成。升压变压器的作用是将 220 V 低压升转换成 $3\,000$ V 左右的高压，然后施加在臭氧管上，使臭氧管发出臭氧。升压变压器高压绕组圈数很多，但线径比较细，如果生产中对升压变压器的真空密封处理得不好，就很容易造成线圈中高压放电现象，从而使内部线圈损坏。臭氧管一直处于弱放电过程中，很容易造成放电极的氧化，所以臭氧管的使用寿命一般为 $7\,000$ ~ $10\,000$ h。

检修方法：用万用表 $R \times 100$ 挡测量升压变压器的一次绕组和二次绕组，阻值分别为 1 kΩ 和 6 kΩ 左右。如果出现断路现

象，说明升压变压器已损坏，更换同规格型号的升压变压器即可。如发现臭氧管有严重氧化现象，应进行更换处理。

模块二 新技 XJ-1000 型负离子空气清新机

一、电路结构和工作原理

新技 XJ-1000 型空气清新机电路主要由电源输入控制、电源工作指示、高频振荡和高压发生器四部分组成，如图8—2所示。

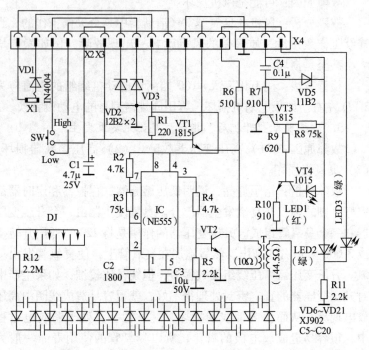

图8—2 新技 XJ-1000 型空气清新机电路原理图

时基集成块（NE555）及外围元件构成无稳态多谐振荡电路，其第2、6脚所接的电容 C2 与电阻 R3、R2 确定振荡频率，振荡器产生的高频方波脉冲从第 3 脚输出，控制三极管 VT2 的导通与截止，推动升压变压器 T 升压，T 输出的高压由电容 C5－C20 和二极管 VD6－VD21 组成的多级倍压整流，产生近万伏的直流电压，最后在放电组件 DJ 之间将空气电离而释放出负离子。电离强度设有高、低两挡，当控制开关 SW 置高挡时，12. 8 V 稳压管 VD3 接入 VT1 基极电路，使电压调整管 VT1 输出的电压为全工作电压。高频升压变压器 T 一次侧方波脉冲幅度接近 18 V，若将 SW 拨至低挡，稳压管 VD2（9. 1 V）接入 VT1 基极电路，电压调整管 VT1 输出较低的工作电压，所以放电极间得到的直流高压相对较低。绿色发光二极管 LED2 为电源指示灯，LED3 为工作指示灯，红色发光二极管 LED1 是电源欠压指示灯。当从 X1 插口外接的直流 12 V 供电电压太低时，10. 6 V 稳压管 VD5 和 VT3、VT4 等组成的欠压识别电路将使 LED1 导通发光，VD1 用于防止输入电源极性接反。

二、常见故障检修

1. 故障现象：接通电源，整机不工作

故障原因：（1）电源插座 X1 接触不良。（2）二极管 VD1 损坏。

故障分析：电源插座 X1 与放电组件 DJ 之间距离比较近，长期工作后极易造成插座氧化而出现接触不良。二极管 VD1 损坏也会造成电路不通的现象。

检修方法：用万用表电压挡测量电源插座的输出引脚，在适配器正常输入电压的前提下，电压值应与适配器的相同。测量二极管可用万用表 $R \times 1$ k 挡，正常直流阻值为正向 10 kΩ 左右，反向为∞。

2. 故障现象：电源指示灯和工作指示灯亮，但放电极无放电现象

故障原因：（1）无振荡信号。（2）升压变压器损坏。（3）倍压整流电路中有元件损坏。（4）放电组件 DJ 两极之间有短路或

放电极氧化损坏。

故障分析：空气清新机的核心部分就是以 NE555 为主的振荡电路，以及升压电路和放电组件，只要这些元器件有损坏，都会造成空气清新机不正常。

检修方法：首先测量放电组件，用万用表 $R \times 10$ k 挡测量放电组件的两个引脚，在不与升压电路连接的情况下，测量阻值应为∞。然后还用该挡位对升压电路中的每个升压电容 C5 ~ C20 和升压二极管 VD6 ~ VD21 进行测量。

如果以上测量分析没有问题，则测量升压变压器，用万用表 $R \times 10$ 挡测量，一次绕组阻值为 10 Ω 左右，二次绕组阻值为 140 Ω 左右。

使用示波器测量 NE555 的振荡波形。示波器探头的接地夹子接空气清新机电路的"地"，探头接第 3 脚，波形应为方波信号，频率为 5 000 Hz 左右。

模块三　ZS2 - 45 型超声波多功能加湿器

一、电路结构和工作原理

ZS2 - 45 型超声波多功能加湿器电路原理图如图 8—3 所示，

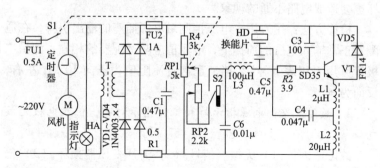

图 8—3　ZS2 - 45 型超声波多功能加湿器电路原理图

接通电源开关 S1 风机 M 转动，同时指示灯 HA 亮，变压器 T 二次侧输出 48 V 交流电压，经 VD1 ~ VD4 桥式整流，C1 滤波后为超声波振荡器供电。

VT、L1、L2、C3、C4、C5、L3、VD5、C6、R4、RP1、RP2 及换能片 HD 组成超声波振荡器。调节 RP1 可以改变 VT 的基极电压，该电压增高时震荡幅度增大，即雾量增大，反之雾量减少。RP1 装在面板上，RP2 设置在机内作为微调，S2 为干簧管水位探测开关，当水位下降到一定高度时，装在浮子里的磁片随水位下降，使干簧管断开，VT 停振，水雾停止输出。

二、常见故障检修

1. 故障现象：指示灯亮，但不喷雾

故障原因：（1）定时器触点损坏。（2）变压器 T 二次侧无 48 V 输出。（3）FU2 熔断。（4）C1、VD5、VT、HD 损坏。

检修方法：用万用表 $R \times 10$ 挡，测量定时器触点或 FU2 熔体，阻值正常均为 0。测量变压器 T 一次侧绕组阻值应为 2.5 kΩ 左右，二次侧阻值应为 10 Ω 左右。

C1 的测量用 $R \times 10$ k 挡，方法是：每测量一次应对调表笔一次，每次测量之间的时间间隔应越短越好。测量结果的读取是：第二次测量后的每一次测量，指针摆动应该基本一致，这种指针的摆动现象，是电容被万用表中的电池充电时的电流反映，摆动越大，说明瞬间对电容的充电电流越大。测量过程应在 5 次以上。然后与新电容的测量现象进行对比。

VD5 的测量用万用表 $R \times 1$ k 挡，黑表笔接正极，红表笔接负极，阻值正常应为 8 ~ 10 kΩ；对调表笔测量，阻值应为 ∞。

三极管的测量用万用表 $R \times 1$ k 挡，首先以基极为基准，黑表笔接基极，红表笔分别接发射极与集电极，阻值分别是 8 ~ 10 kΩ；对调表笔测量，阻值分别应为 ∞。这些数据，可以基本判断出三极管没有损坏。三极管还可作进一步测量：将黑表笔接集电极，红表笔接发射极，阻值应大于 500 kΩ，在基极与集电极之间接一只 100 kΩ 电阻，指针应向小阻值方向偏转。指针偏转越大，说明三极管的直流放大能力越强。以上并联100 kΩ 电阻的测量方法比较麻烦，下面的方法比较简便：用左手拇指与中指夹持三极管，使三极管的引脚朝向上方；黑表笔与红表笔同时接触集电极和发射极，然后用食指接触基极和集电极，指针向小阻值方向偏转。

换能片 HD 是高阻抗元件，用万用表不太好测量。如要测量，可用 $R \times 10$ k 挡测量，阻值应为∞，如果有阻值，说明换能片坏了。

2. 故障现象：喷雾量小，调整 RP1 无效

故障原因：（1）压电陶瓷表面水垢太多。（2）振荡电路振幅不足。

故障分析：压电陶瓷表面水垢太多，或振荡电路振幅不足，会使 VT 工作效率降低，导致喷雾量小。

检修方法：压电陶瓷表面如有水垢，可用专用清洗液清洗，然后用清水对其多次漂洗。如需更换新换能片，应与原型号一致。振荡电路振幅不足可在开机后用万用表直流 5 A 电流挡检测整机电流，正常时应为 500 mA 左右。调整 RP1，若电流有变化，说明振荡电路工作正常。或者检查晶体管 VT 及偏置电路及 C4、C5 电容是否有变值的故障。

第九单元　应　急　灯

模块一　SL－02 型三用应急灯

一、电路结构和工作原理

SL－02 型三用应急灯电路原理图如图 9—1 所示，S 为功能
选择开关，当 S 置于 D 挡时，市电经 C1 降压及 VD1－VD4 桥式
整流后，脉动直流电经 VD5 对电池 E 充电。LED1 为电源指示发
光二极管，LED2 为充电结束指示发光二极管。当电池 E 未充满
时，VD6 两端电压较低，使稳压管 VD6 截止，LED2 也截止，故
不亮。当 E 充足电后，充电电流很小，使 VD6、LED2 两端的
电压升高，于是，使 VD6 导通，LED2 发光，以示电池已充
满。

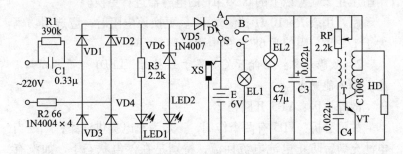

图 9—1　SL－02 型三用应急灯电路原理图

当 S 置于 A 挡时，为日光灯照明功能。以晶体管 VT、变压
器 T、电位器 RP 及电容 C4 组成振荡电路开始工作，产生出的振

荡电压经 T 升压输出，使日光灯 HD 发光。

当 S 置于 B 挡时，白炽灯 EL2 通电发光；当 S 置于 C 挡时，白炽灯 EL1 通电发光。

XS 为 6 V 直流电源输出插座，可以为其他电器提供电源。

二、常见故障检修实例

1. 故障现象：功能开关 S 置于 D 挡时，电源指示灯 LED1 不亮，不能充电

故障原因：C1 或 R2 损坏。

故障分析：C1 起降压作用，将 220 V 高压交流电降低为 9 V 左右的低压交流电，然后经过 VD1 ~ VD4 整流得到 8 V 左右的直流电压，供蓄电池充电使用。如果 C1 损坏（一般为开路），则无 8 V 直流电压，所以，LED1 不亮，更不能为蓄电池进行充电。

电阻 R2 起限流保护作用，如损坏（一般为开路），则故障现象与以上分析的相同。

检修方法：焊开 R1 与 C1 任意一端的连接（断开 R1 与 C1 的并联状态），用万用表 $R \times 10$ k 挡测量 C1，每次测量后进行表笔的调换，从第二次开始，每次都应有表针瞬间摆动的现象。如果没有电容被充电的指针摆动现象，说明电容已开路损坏。应选用耐压在 250 V 以上的 0.33 μF 的电容器进行更换。

用万用表 $R \times 10$ Ω 挡测量 R2。更换该电阻时，应选用功率大于 1/2 W、阻值为 68 Ω 的电阻器。

2. 故障现象：功能开关 S 置于 D 挡时，LED1 电源指示灯亮，但不能充电

故障原因：VD5 开路损坏。

故障分析：VD5 有两个作用，一是为充电提供通路；二是当电池充满后防止电池电流回流，特别是在停电状态下，如没有 VD5 就会造成 LED1 和 LED2 亮起，从而造成不必要的电能损耗。

检修方法：用万用表 $R \times 1$ k 挡测量 VD5 的正、反向阻值。黑表笔接二极管的正极，红表笔接负极，阻值应为 8 ~ 10 kΩ。

3. 故障现象：当开关S置于A挡时日光灯不亮

故障原因：（1）日光灯管损坏。（2）可调电阻器RP损坏。（3）大功率三极管VT损坏。（4）升压线圈损坏。（5）电容器C2损坏。

故障分析：该应急灯的升压电路比较简单，工作效率比较低，功耗比较大。大功率三极管和升压线圈是比较容易损坏的元器件。

检修方法：日光灯管有一定的使用寿命，在该升压脉冲电路中工作，日光灯两端的脉冲电压，会随着电池电压的高低而发生较大的变化，加剧了日光灯管的老化损坏。修理时使用6 V稳压电源。先将日光灯管取下，再将功能开关拨至A挡，用交流500 V电压挡测量两个日光灯座中的金属片，脉冲（交流）电压应在120~200 V之间。如果电压很低，则可能是可调电阻接触不良或损坏。如果没有电压，则可能是三极管损坏。

4. 故障现象：白炽灯亮度低，日光灯不亮

故障原因：电池电压低。

检修方法：先将电池与功能开关S断开，接通电源，如LED2亮，说明降压整流电路正常。然后找一个1/2 W、270 Ω电阻作为假负载代替蓄电池，接通电源，测量假负载电阻两端电压应为8 V左右，说明充电状态正常。则该故障的原因是蓄电池失效。

模块二　光明355型多功能应急灯

一、电路结构和工作原理

光明355型多功能应急灯电路原理图如图9—2所示，由VT1、VT2和T1等组成第一组振荡电路，为H1提供工作电压；VT3、VT4和T2等组成第二组振荡电路，为H2提供工作电压。VT5、VT6及外围元件组成超低频振荡器，其输出信号调制由

VT7、VT8 等组成的低频振荡器，两组振荡电路的低频信号由
VT8 集电极输出，经 VT9 功率放大后驱动扬声器 BL 发出报警
声。S1 为功能开关，当功能开关置于 A 挡为双管亮，B 挡为单
管亮，C 挡为空挡，D、E 挡为报警，F 为单管 + 报警挡。外部
的整流电路接至本电路的"V +"与"地"之间，接通电源后，
与 1 kΩ 电阻相串联的指示灯发光，并经过电阻和防回流二极管
对蓄电池 E 充电。停电后蓄电池经功能开关 S1 和 S2，可实现照
明功能或报警功能。

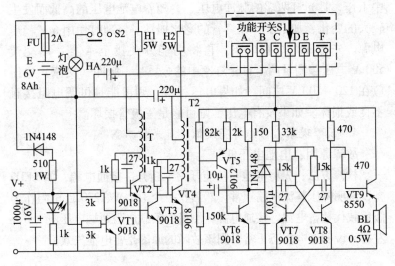

图 9—2　光明 355 型多功能应急灯电路原理图

二、常见故障检修

1. 故障现象：电源指示灯亮，但蓄电池不充电

故障原因：（1）510 Ω 电阻损坏。（2）二极管损坏。（3）熔
断器 FU 损坏。

检修方法：用万用表 $R \times 10$ 挡测量电阻器和熔断器。用 $R \times$
1 k 挡测量二极管的正、反向电阻值，分别为 8 ~ 10 kΩ 和 ∞。

修理建议：本电路中的充电防回流元件，使用的是1N4148

二极管，由于充电处于全天候的状态，但该型号的二极管工作电流较小，从而充电电路的可靠性较低。在修理中建议改用 1N4002～1N4007 二极管。

对 8 Ah 蓄电池充电，如用 1/40 放电率充电，其充电电流约为 200 mA 左右。所以，510 Ω 电阻应改成 5 W 5.1 Ω 电阻，否则会造成蓄电池充不满的现象。

2. 故障现象：日光灯 H1 或 H2 不亮

故障原因：（1）VT1～VT4 中某个晶体管损坏。（2）振荡线圈 T1、T2 损坏。（3）灯管 H1、H2 损坏。

检修方法：如 H1 不亮，则用万用表 $R \times 1$ k 挡测量 VT1 和 VT2；如 H2 不亮，则测量 VT3 和 VT4。测量中，首先以基极为中心分别测量两个相似二极管的特征，正向为 8～10 kΩ，反向为 ∞。如果相似二极管的特征正常，一般可以判断该三极管基本正常。如需进一步测量，可在基极与集电极之间并联一个 100 kΩ 左右电阻，黑表笔接集电极（NPN 型三极管），红表笔接发射极，阻值应在 50～10 kΩ。

测量 T1 或 T2，可用万用表 $R \times 10$ 挡，振荡绕组与供电绕组的阻值约 30 Ω 左右，升压绕组的阻值约 150 Ω 左右。

日光灯的检修方法可参考本单元模块一　日光灯检修的内容。

3. 故障现象：功能开关置 D、E、F 挡位时，扬声器不报警

故障原因：确定蓄电池与功能开关没有问题。（1）VT5～VT8 有损坏。（2）VT9 功率放大电路异常。（3）扬声器损坏。

检修方法：选万用表 $R \times 1$ k 挡，采用在路测量法，即一种不用拆下三极管的方法。以基极为中心分别测量与发射极或集电极之间的阻值，只要两次阻值均为 10 kΩ 左右，就说明三极管是好的。扬声器的测量可用同一挡位，接触扬声器两引脚，扬声器中应有微弱的"嗒嗒"声。在对扬声器测量中尽量不要使用 $R \times 1$ 挡，因为该挡有 30 mA 左右的测量电流，会对扬声器有微弱的消磁影响。

第十单元　充电手电筒

模块一　光明 EL3 型双灯充电手电筒

一、电路结构和工作原理

光明 EL3 型双灯充电手电筒电路原理图如图 10—1 所示。使用时由内部蓄电池 E 供电，开关 S 拨向位置 1 时，无色电珠 HA1 发光。拨至位置 2 时，电路断路，电珠不发光，拨至位置 3 时红色电珠 HA2 发光。当蓄电池电量下降需充电时，拔去手电筒底部的活头插头，接入市电，经 C1 降压、VD1 ~ VD4 桥式整流为手电筒内两只蓄电池充电。

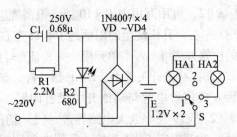

图 10—1　光明 EL3 型双灯充电手电筒电路原理图

二、常见故障检修

1. 故障现象：双灯有时亮、有时不亮

故障原因：开关 S 触点接触不良。

故障分析与修理：双灯充电手电筒使用中，开关 S 使用比较频繁，所以损坏率比较高。更换相同规格型号的开关即可。

2. 故障现象：两只灯泡均不亮

故障原因：电池失效。

检修方法：用万用表 10 V 直流电压挡，测量两个电池的电压应大于 2 V，否则说明电池已损坏，更换新电池即可修复，但更换新电池后应先对电池进行充电。

3. 故障现象：指示灯亮，蓄电池不能充电

故障原因：整流二极管损坏。

故障分析：指示灯亮，说明电容降压回路正常。故障为整流元件。

检修方法：用万用表 $R \times 1$ k 挡，黑表笔接二极管正极，红表笔接二极管负极，正向阻值为 8 ~ 10 kΩ。更换二极管的型号为 1N4004 ~ 1N4007，耐压在 400 至 1 000 V 之间。

4. 故障现象：指示灯不亮，蓄电池不能充电

故障原因：降压电容损坏。

检修方法：将电阻 R1 拆下一个引脚，用万用表 $R \times 10$ k 挡测量电容器 C1，测量第二次后的每次表针都应有一个摆动（充电）现象。如 C1 损坏，要选择交流耐压在 250 V 以上的电容进行替换。

模块二　爱使 WCD191 型微型充电手电筒

一、电路结构和工作原理

爱使 WCD191 型微型充电手电筒电路原理图如图 10—2 所示，由晶体管 VT、高频变压器 T、R3、C2、R2 组成自激振动器，输出的脉冲电压经 VD2、VD3 全波整流后，对蓄电池充电或为发光二极管提供电能。正常充电时，电池两端充电电压为 2.8 V 左右，充满电后，电池两端电压约为 3.1 V。当开关 S 置于 1 时，为手电筒内蓄电池 E 充电；当 S 置于 2 时，白色电珠

HA2 亮,当 S 置于 3 时,红色电珠 HA1 亮,VD4 为红色发光二极管,接通市电后就发光,以提示接通电源。VD1、R1、C1 组成简单的整流滤波电路。

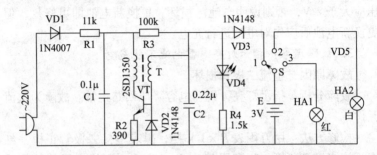

图 10—2   爱使 WCD191 型微型充电手电筒电路原理图

二、常见故障检修

故障现象:电源指示灯 VD4 不亮,不能充电

故障原因:(1) R1、VD1、C1 之中有损坏的元件。(2) 晶体管 VT、高频变压器 T、R3、C2、R2 组成的自激振动器中有损坏的元件。(3) VD4 损坏。

故障分析:由 R1、VD1、C1 组成的整流电路,为自激振荡电路提供电源,也为指示灯 VD4 提供电源。

检修方法:这种电路在接通电源后有带电现象,所以建议使用 220 V : 220 V 隔离变压器,而且每测量一个点就要切断交流电源。

使用万用表 500 V 直流电压挡,先将红表笔接 C1 与 R1 连接点,黑表笔接 C1 另一端,然后接通 220 V 电源,应有大于 100 V 的整流电压。

若 C1 两端电压正常,则测量振荡变压器 T。T 通常的故障是绕组损坏。如振荡变压器 T 正常,则应测量晶体管是否损坏。如 VT 正常,则测量 C2 两端电压正常约为 6.2 V。

第十一单元　电动剃须刀

模块一　日立 RM – 1500 VD 型电动剃须刀

一、电路结构和工作原理

日立 RM – 1500 VD 型电动剃须刀电路原理图如图 11—1 所示。内部有一节五号充电电池及充电电路，当电池充满电时，推动开关 S2，电动机 M 高速运转并带动剃须刀架动作，进行剃须。

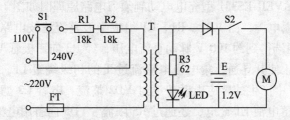

图 11—1　日立 RM – 1500 VD 型电动剃须刀电路原理图

该电动剃须刀的降压变压器 T 是按照一次侧 110 V 供电设计的，在我国 220 V 供电使用必须将转换开关 S1 置于 240 V 处才能使用，此时电路中增加了降压电阻 R1 与 R2，从而保证了变压器 T 的一次绕组电压仍为 110 V 左右，FT 为温度熔断器，用以保护变压器 T。

二、故障检修实例

1. 故障现象：接通电源，剃须刀无反应，长时间充电无效果

故障原因：温度熔断器 FT 损坏或变压器等元件损坏。

检修方法：（1）用万用表 $R \times 1\,\text{k}$ 挡测量电阻 R1、R2。(2) 用万用表 $R \times 1$ 挡测量 FT。(3) 用万用表 $R \times 10$ 挡测量电源变压器，一次绕组阻值为 $100\,\Omega$ 左右，二次绕组阻值为 $5\,\Omega$ 左右。

2. 故障现象：剃须刀转速慢

故障原因：电池老化或电动机状况不佳。

检修方法：闭合 S2，测量电池电压，如低于 $0.8\,\text{V}$，说明电池已老化。如果电池电压大于 $1\,\text{V}$，则可能是电动机力矩不够，一般是电刷磨损所致，应更换电动机进行彻底修复。

模块二　SHAVER ES381 型充电电动剃须刀

一、电路结构和工作原理

SHAVER ES381 型充电电动剃须刀电路原理图如图 11—2 所示。接通电源，由 VD1、R1、C1 组成半波整流滤波电路，在电容 C1 两端得到约 $100\,\text{V}$ 脉动直流电压，经 R2 向三极管 VT 提供偏置电压使其导通，集电极电流流过 T 的初级绕组 L1，在电感线圈 L2 中产生的感应电动势通过 VD2 整流、电容 C2 滤波后经 VD4 向蓄电池 E1 充电，还通过 R5 限流、VD5 向备用电池 E2 充电。接通开关 S2，为电动机提供工作电压。VD4 和 VD5 的作用

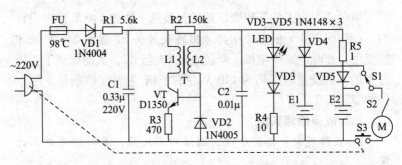

图 11—2　SHAVER ES381 型充电电动剃须刀电路原理图

是剃须刀在不充电时，防止电池电流回流。该剃须刀有两组电池，当电池 E1 的电量不足时，可以直接在 S2 闭合状态下拨动 S1 使用备用电池 E2。发光二极管指示电路的工作状态，温度熔断器 FT 起热保护作用。

二、常见故障检修

1. 故障现象：按下开关 S2，机器不工作

故障原因：开关 S2 损坏。

检修方法：用万用表 $R \times 1$ 挡测量 S2 引脚，闭合时正常阻值应为 0，如有阻值，说明 S2 触点已损坏，应替换新的开关进行修复。

2. 故障现象：电动机转动慢，不能正常工作

故障原因：电池电能不足，或电动机老化。

检修方法：用万用表 500 mA 挡瞬间测量电池 E1 或 E2，表针应能迅速摆到大于 500 mA 值，否则说明电池电能不足，应更换新电池。或使用稳压电源代替 E1 或 E2，如果电动机工作正常，也能证明电池已老化。

如果排除电池原因，电动机转动仍然动力不足，则是电动机老化。电动机老化的原因一般有两个，一是定子（磁铁）磁力下降；二是铜皮电刷磨损严重。

3. 故障现象：电池不能充电

故障原因：（1）R1 损坏。（2）VT 损坏。（3）高频变压器损坏。（4）C1 失效。（5）S3 接触不良。

故障分析：S3 与 220 V 插座联动，当 220 V 插片插入插座时，S3 自动断开，确保对 E1、E2 的充电效果。S3 的故障多为机械故障，只要调整一下塑料顶杆，或调整一下 S3 簧片即可修复。

第（1）～（3）点故障原因，都会造成无充电电压的现象，可以用万用表测量 R1 阻值、VT 的好坏，以及测量 T 的绕组是否有开路损坏现象。

C1 是滤波电容，如果容量失效，会造成 VT 的振荡效率降低，可造成不能充电的现象。测量 C1 可选用电容挡进行测量，也可使用万用表电阻挡进行比较测量：将万用表置 $R \times 10$ k 挡，先测量一只新的 0.33 μF 电容，然后与怀疑已损坏 C1 的测量现象对比。如果在 C1 的测量中表针摆动很小或没有，则应更换新电容。

对于 C1 的好与坏，也可以采用动态测量法来进行判断。将万用表置 500 V 直流电压挡，测量 C1 两端电压是否有 100 V。若电压只有 60 V 左右，则可能 C1 已损坏。

第十二单元　电子灭蚊拍

模块一　山山牌电子灭蚊拍

一、电路结构和工作原理

山山牌电子灭蚊拍电路原理图如图 12—1 所示。由 VT、R2、C1 和脉冲变压器 T 组成振荡升压电路，将 3 V 直流电压升为 180 V 左右的高频电压。经倍压整流滤波后得到 500 V 左右的直流高压，最后加在放电网上。R3、R4 为放电电阻，以释放灭蚊拍停用时电容 C2 ~ C4 储存的电荷，防止误击伤人。LED 为工作指示灯。

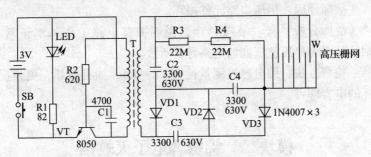

图 12—1　山山牌电子灭蚊拍电路原理图

二、常见故障检修

1. 故障现象：按下按钮 SB，放电网不带电，LED 不亮

故障原因：电池盒簧片接触不良。

检修方法：电子灭蚊拍工作时电源电流较大，约 300 mA。若开关触点氧化将导致接触不良，将其更换或维修即可排除故

障。维修时可在正极簧片上涂一层锡，使其接触良好。

2. 故障现象：**按下按钮 SB 后，LED 亮但放电网不放电**

故障原因：升压电路不正常。

检修方法：正常情况下，按下按钮 SB 后，振荡电路会发出"吱吱"声。如果听不到"吱吱"声，基本可以判断是升压电路中有元件损坏。最常见的是升压绕组损坏。

用万用表 $R \times 10$ 挡测量 T 的一次绕组为 $10\ \Omega$ 左右，二次绕组为 $80\ \Omega$ 左右。

三极管可用 $R \times 1\ \text{k}$ 挡测量，黑表笔接 B 极，红表笔分别接 E 极和 C 极，阻值分别为 $8 \sim 10\ \text{k}\Omega$；对调表笔后，测量阻值均为 ∞。再用黑表笔接 C 极，红表笔接 E 极，同时在 B 极与 C 极之间接一个 $100\ \text{k}\Omega$ 阻值的电阻，阻值应从 ∞ 向右偏转。$100\ \text{k}\Omega$ 电阻也可以用手指皮肤代替，测量时用手指同时接触 B 极和 C 极，这样既方便又快捷。

3. 故障现象：**通电后有"吱吱"声，但放电网不放电**

故障原因：倍压电路元件损坏。

故障分析：有"吱吱"声，说明振荡电路工作基本正常，则故障多为倍压整流滤波电路异常所致。

检修方法：用电容挡测量检查 C2 ~ C4，如有损坏，更换损坏的电容即可。

模块二　锦绣牌电子灭蚊拍

一、电路结构和工作原理

锦绣牌电子灭蚊拍电路原理图如图 12—2 所示，晶体三极管 VT 和高频升压变压器 T 等组成的高频振荡电路输出约 20 kHz 的高频交流电压，经 T 升压后再通过 VD1、VD2、VD3 和 C1、C2、C3 组成的三倍压整流电路，在负载上产生约 1 000 V 的脉动直流电压，蚊虫一旦触及高压栅网即造成栅网短路而发出电火花，将蚊虫击毙。因高压功率很小，故当人体不慎触及高压栅网时不会造成伤害。R3 为放电电阻。

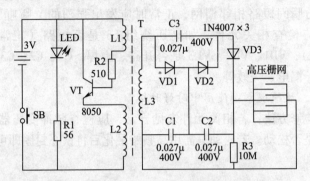

图 12—2　锦绣牌电子灭蚊拍电路原理图

二、常见故障检修

1. 故障现象：按下按钮 SB，LED 不亮

故障原因：电池夹接触不良，或电池电压不足。

检修方法：检查电池正极与正极片，以及负极与弹簧是否接触不良，具体方法是将电池盒盖打开，转动电池在盒中的位置数圈。如果仍没有效果，则可能是电池电压太低。可选用万用表直流 2.5 V 挡进行测量。如果弹簧和正极片有氧化现象，应及时进行处理或更换。

2. 故障现象：蚊虫碰到栅网不被击毙

故障原因：（1）振荡电路有故障。（2）升压电路有故障。

检修方法：以三极管 VT 为核心的振荡电路是形成高压的基础。检查振荡电路是否正常，可用收音机来进行测试：将收音机靠近电蚊拍手柄，按下开关 SB，收音机中应有明显的干扰声。如反复测试几次都没有任何反映，则可能是振荡电路损坏。

振荡电路中故障率最高的是脉冲变压器 T 的二次侧，因为二次绕组的线径很细，故很容易霉断。用万用表 $R \times 10$ 挡，测量 T 二次绕组阻值正常为 30 Ω 左右，一次绕组阻值应为 5 Ω 左右。

直流高压部分。检查直流高压部分是否正常，可用旋具的金属部分瞬间短路相邻栅网，正常时应发出强烈的"噼啪"声，否则应检查相关元件，如高压绕组 L3 是否短路（正常值为 150 Ω），VD1、VD2、VD3 是否开路、虚焊，C1、C2、C3 是否击穿、漏电、失效等。

3．故障现象：使用中时好时坏

检修方法：若相关元件未见异常，应检查脉冲变压器 T 的铁心是否松动。若松动只需用高频蜡融化后将铁心封固即可。

第十三单元　电热水瓶

模块一　胜利牌 HH-1 型电热水瓶

一、电路结构和工作原理

胜利牌 HH-1 型电热水瓶电路原理图如图 13—1 所示。FT 为 130℃热熔断器，WK1（110℃）、WK2（85℃）为温控器，EH1 为 680 W 加热电阻丝，EH2 为 70 W 保温电阻丝，TRS 为 75℃温控开关，HL1 为加热指示灯（红色），HL2 为保温指示灯（黄色），S1 为出水开关，S2 为再沸腾轻触开关，M 为出水电动机。

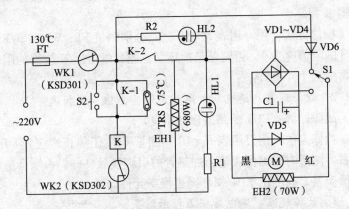

图 13—1　胜利牌 HH-1 型电热水瓶电路原理图

通电后，220 V 市电电压经 FT、WK1、TRS、继电器 K、WK2 形成回路，常开触点 K-1、K-2 闭合导通，220 V 交流电压经 K-2 加至电阻丝 EH1，EH1 开始发热烧水。当水温上升到超过 85℃时，温控器 WK2 触点断开，使继电器 K 断电而释放。此后 220 V 电压经 FT、WK1、VD6 半波整流、S1 加到 EH2、EH1 串联电路中，水瓶进入保温状态，因 K-2 此时为开路状态，故加热指示灯 HL1 熄灭，保温指示灯 HL2 亮起。水瓶由沸腾状态进入保温状态后，当水温降至 75℃左右时，WK2 触点与 TRS 触点重新闭合，继电器触点 K-1、K-2 也重新闭合，使 EH1 全电压工作，电水瓶重新进入加热状态。

当电路进入保温状态后，若按下出水键 S1，220 V 市电电压经 EH1、EH2 降压后加至 VD1 ~ VD4 等组成的整流电路，整流电路输出直流电压带动出水电动机 M 运转而出水。FT、WK1 构成干烧保护电路，当瓶胆内无水而通电加热时，FT 或 WK1 呈断开状态而切断电源。

二、常见故障检修

1. 故障现象：通电后，加热指示灯不亮，不加热

故障原因：FT→WK1→TRS→WK2 回路有元器件损坏或继电器 K 损坏。

检修方法：用万用表 $R \times 10$ 挡，分别测量 FT、WK1、WK2、TRS 的阻值应为 0，否则就是损坏了。测量继电器 K 绕组的阻值正常应为 1.4 kΩ 左右。

2. 故障现象：通电后加热指示灯亮，但不能加热

故障原因：EH1 断路或接触不良。

检修方法：用万用表 $R \times 10$ 挡测量 EH1 阻值正常应为 80 Ω 左右。测量时要确保表笔与加热管的引脚接触良好，否则会造成测量误差。检测出 EH1 损坏则更换新元件即可。

3. 故障现象：通电后保温指示灯亮，不能加热

故障原因：EH2 加热管、VD6 损坏，或 S1 接触不良。

故障分析：HL2 指示灯亮，说明 220 V→FT→WK1→R2→HL2→EH1→220 V 的回路正常。从电路图中可以看出，保温部

件与指示灯并联，正常情况下，指示灯以保温部件两端的电压作为工作电压。指示灯 HL2 亮，说明为保温部件提供工作的外部条件正常，则故障就在于保温部件本身。

检修方法：用万用表 $R \times 10$ 挡测量 EH1 阻值应为 700 Ω 左右。用万用表 $R \times 1$ k 挡测量 VD6，正向测量时黑表笔接二极管正极，红表笔接负极，阻值为 8 ~ 10 kΩ；反向测量时红表笔接正极，黑表笔接负极，阻值应为 ∞。如 EH1 损坏则更换新元件即可。

4. 故障现象：水烧开后，电热水瓶始终保持沸腾状态

故障原因：（1）继电器 K - 2 触点粘连。（2）WK2 与加热盘接触不良或损坏。

故障分析：一是继电器 K - 2 触点粘连，使加热管一直处于加热状态，造成热水瓶不能自动停止加热。二是 WK2 温控器在超过 85℃ 时，触点不断开，使继电器不能释放，从而造成电热管一直处于加热状态。

检修方法：用万用表 $R \times 10$ 挡，在常态下测量 K - 2 触点引脚，正常时应该是 ∞。如果是 0，则触点已经粘连，应更换新的继电器。

WK2 是固定在瓶胆上的，如有松动，会影响 WK2 的正常动作。检测 WK2 的性能，有一个简单的方法：选择万用表电阻挡，使两表笔接触 WK2 两个引脚，用电烙铁接触 WK2 受热面，同时用激光测温枪测量 WK2 的受热面温度，在 85℃ 左右时，万用表读数应从 0 变成 ∞。

5. 故障现象：电热水瓶处于保温状态时，红黄指示灯交替亮

检修方法：检查温控开关 TRS 在 75℃ 以上温度时能否断开，若不能断开，更换新元件即可排除故障。

6. 故障现象：能加热，但不能出水

故障原因：S1 接触不良，VD1 ~ VD5 或 C1 以及电动机 M 有损坏。

检修方法：焊下继电器绕组的一根引线，使继电器触点不能

闭合，再焊下电动机进线端的红、黑两线，接通电源，瞬间按下S1，用万用表测量焊下的红线和黑线两端的电压，正常值为40～50 V。若无电压或电压太低，则检查整流管 VD1～VD5 和C1 是否良好、电动机是否正常，检查后更换故障元件。

模块二　水星 DBQ－20 型自动电热水瓶

一、电路结构和工作原理

水星 DBQ－20 型自动电热水瓶电路原理图如图 13—2 所示。加水通电后，温控器 ST1 和 ST2 均闭合，主加热管 EH1 和保温加热管 EH2 通电发热。由于温控器 ST2 闭合，VD7 被短路而不发光，此时 VD6 发光，表示热水瓶处于加热状态。当水沸腾后，温控器 ST2 断开，主加热管 EH1 断电停止加热，保温加热管 EH2 继续加热保持水温。此时由于 R1、VD7 串联的电阻远大于 R2、VD6 串联再与 EH1 并联后的电阻，所以 R1、VD7 的分压远大于 R2、VD6 的分压，VD7 发光而 VD6 熄灭，证明热水瓶处于保温状态。因添水或断电等原因导致瓶内水温低于 95℃时，温控器 ST2 接通，主加热管 EH1 通电加热，如此反复，使瓶内的水温始终保持在 95℃以上。

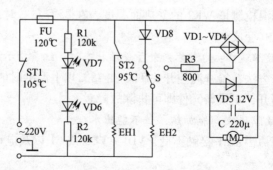

图 13—2　水星 DBQ－20 型自动电热水瓶电路原理图

当按下出水开关 S 时，市电经保温加热管 EH2、电阻 R3 降压后由整流电路向直流电动机供电，电动机转动，带动微型水泵向外供水。电路中，温控器 ST1 与熔断器 FU 构成双重安全保险，动作温度分别是 105℃ 和 120℃，保证使用过程中的安全性。

二、常见故障检修

1. 故障现象：不能加热

故障原因：温控器 ST1 和 ST2、熔断器 FU、主加热管 EH1 中某个元件或数个元件开路损坏。由于损坏元件不同，故障表现也不同。若温控器 ST1 或熔断器 FU 开路，则两指示灯都不亮。若 ST2 开路时，则保温指示灯 VD7 亮，不能加热。当主加热管 EH1 开路时，加热指示灯 VD6 亮，但也不能加热。另外，电热水瓶功率较大，电源线及插座也容易发生故障，检修时要注意。

检修方法：用万用表 $R \times 10$ 挡测量温控器 ST1 和 ST2，以及熔断器 FU，测量阻值应为 0。用万用表 $R \times 10$ k 挡测量 VD6，黑表笔接正极，红表笔接负极，发光二极管应微亮（室内光照环境下）。对调表笔，阻值应大于 500 kΩ。对故障元件进行更换即可。

2. 故障现象：不能供水

故障原因：R3、VD1 ~ VD5、C 和电动机中某个元器件损坏。

检修方法：限流电阻 R3 在出水时承受较大工作电流，极易发热和损坏。可用万用表 $R \times 10$ k 挡对 R3 进行测量；用万用表 $R \times 1$ k 挡对 VD1 ~ VD5 进行测量；电解电容器用万用表 $R \times 10$ 挡测量，从第二次对调表笔后的每次测量，指针的充电摆动幅度应相同。最后测量直流电动机，用 $R \times 10$ 挡，在测量电动机的同时用手转动转子，指针应能比较平稳地停留在 50 Ω 附近。如测得上述元器件有损坏，则需更换。

3. 故障现象：指示灯不亮

故障原因：R1、R2 损坏。

检修方法：限流电阻 R1、R2 功率偏小（1/4 W），长时间使用后发热损坏，维修时用功率为（1/2 W）的电阻进行更换。

第十四单元 饮 水 机

模块一 永华牌 RZ – 30 型多功能自动
电子饮水机

一、电路结构和工作原理

永华牌 RZ – 30 型多功能自动电子饮水机电路原理图如图
14—1 所示，它由加热、再沸腾电路和消毒电路等部分组成。

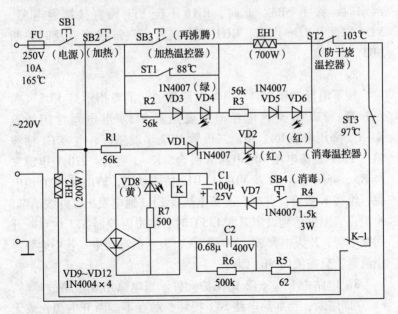

图 14—1 永华牌 RZ – 30 型多功能自动电子饮水机电路原理图

1. 加热、再沸腾电路

将桶装水放入聪明座后接通电源，按下电源开关 SB1，电源指示灯 VD2（红灯）亮，表示电源接通。再按下加热开关 SB2，加热指示灯 VD6（红灯）亮，220 V 交流电经超温熔断器 FU、SB1、SB2、加热温控器 ST1、电热管 EH1、防干烧温控器 ST2 构成回路，EH1 进入加热状态。由于保温指示灯 VD4 被 ST1 短路，故不发光。当水沸腾时，ST1 触点动作，断开 EH1 电源，加热指示灯 VD6 熄灭，保温指示灯 VD4（绿灯）亮，自动进入保温状态，可以饮用，或转动转向阀，开水经转向阀储入温水罐供饮用温开水。当放出开水或水温自然下降到设定温度（85℃）时，ST1 触点闭合接通电源，VD4 熄灭，VD6 点亮，EH1 再次把水煮沸，上述过程重复进行。

SB3 是再沸腾按钮。当电路处于保温状态又需快速取用沸水时，按下 SB3，此时，EH1 不经 ST1 而直接接通电源，VD4 熄灭，VD6 点亮，EH1 把水烧开，汽笛报鸣后及时关断 SB3。

2. 消毒电路

按下消毒按钮 SB4，消毒电路接通，消毒指示灯 VD8（黄色）亮，220 V 交流电经消毒温控器 ST3、继电器常闭触点 K-1、降压电阻 R4、整流二极管 VD7 半波整流、电容 C1 滤波输出 12 V 直流电压，继电器 K 吸合，K-1 吸合。220 V 电源又经 R5、降压电容 C2 及 VD8 ~ VD12 桥式整流，输出 12 V 直流电源，维持 K 吸合。此时，石英电热管 EH2 通电发出红外线消毒，当消毒室温度达到设定温度 125℃时，消毒温控器 ST3 触点断开回路电源，K 失电释放，VD8 熄灭，表示消毒结束。若中途要停止消毒，只需关闭 SB1 即可。

3. 电路中 FU、ST2 是保护元件。

当电路出现短路故障时，FU 立即熔断；当加热电路 ST1 损坏，触点不能断开电源，或无水通电使用时，热水胆温度迅速升高，ST2 自动断开电源，从而起到保护作用，防止电热管烧坏。排除故障后，手动ST2使其复位即可恢复正常。

二、常见故障检修

1. 故障现象：整机通电指示灯不亮，机器不工作

故障原因：超温熔断器FU熔断。

检修方法：用万用表$R \times 10$挡测量FU熔丝，阻值应为0。如FU熔丝熔断，更换熔丝规格为250 V/10 A，温度为165℃的超温熔断器。如FU完好，则应检测SB1是否损坏，如SB1轻微损伤，则可用0号砂纸对触点进行轻轻打磨修复或更换同型号开关。

2. 故障现象：电源指示灯及加热指示灯都亮，但不能加热

故障原因：电热管EH1引脚插件端子严重氧化、松动，或损坏。

故障分析：如果旗型插簧与EH1引脚插片之间有松动现象，就会产生接触电阻。在插簧与插片之间通过大电流时，就会使插簧发热，长期使用就使插簧的弹性降低、松动加剧、发热加剧、发生氧化。

检修方法：先用直观检查法检查与EH1电热管引脚插片相连接的插簧，是否有氧化现象。更换旗型插簧时应注意确保导线与新插簧接触良好。

EH1的测量可用万用表$R \times 10$挡，阻值应为$60 \sim 70 \ \Omega$左右。若为∞则说明已烧断，更换同型号电热管即可排除故障。

3. 故障现象：加热时间比正常短，水不能烧开

故障原因：加热温控器ST1有故障、动作温度不准确，触点提前断开，引起水不能烧开所致。

检修方法：拆下损坏的ST1，换入250 V/5 A、动作温度88℃左右凸跳式温控器，故障即可排除。安装时需在温控器铝帽处涂入少许硅胶，使其接触良好，利于导热。

4. 故障现象：按下消毒按钮，不能消毒

故障原因：（1）消毒启动电路有元器件损坏。（2）石英电

热管 EH2 两端接头氧化松动或烧断。

检修方法：插上 220 V 电源插头，按下 SB4，黄色消毒指示灯亮起，则可能是 C1 短路损坏。可用万用表 $R \times 10$ 挡对 C1 进行测量。如果 C1 完好，则可能是继电器 K 的绕组损坏，测量其阻值正常应为 15 kΩ 左右。如 K 损坏，用同型号的更换即可。

如果按下 SB4，黄色指示灯不亮，则应用万用表测量检查 R4、SB4、VD7、VD9 ~ VD12 元件。更换损坏元件即可。

如果按下 SB4，有继电器动作的声音，则应用万用表测量检查 R5、R6、C2。更换损坏元件。

如果与 EH2 接触的插簧氧化，则应及时更换。如需要对 EH2 测量，可用万用表 $R \times 10$ 挡，阻值在 240 Ω 左右为正常，若为 ∞ 则说明已烧断，更换新管即可。

模块二　旭日 WE－17 型冰热两用饮水机

一、电路结构和工作原理

旭日 WE－17 型冰热两用饮水机电路原理图如图 14—2 所

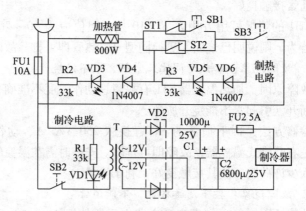

图 14—2　旭日 WE－17 型冰热两用饮水机电路原理图

示。电路原理图中上半部分为制热电路。接通电源，按下开关SB3，220 V 交流电经加热温控器 ST2（88℃）为加热管（800 W）全功率供电，加热指示灯 VD3（红）发光，保温指示灯 VD5（橙）被短路而熄灭。当水温达到 88℃时，ST2 触点断开，加热管停止加热，保温指示灯 VD5 发光，加热指示灯 VD3 熄灭。当水温因加入冷水或自然降温至 88℃以下时，ST2 接通，电路回到加热状态。

SB1 为再加热开关，当电路处于保温状态又需快速取用沸水时，按下 SB1，此时加热管经 95℃温控器直接接至 220 V 电源，水温达到 95℃后才断电回到保温状态。

电路原理图中下半部分为制冷电路。按下制冷开关 SB2，制冷指示灯 VD1（绿）发光，220 V 交流电经变压器 T 降压，二次侧得到两组 12 V 交流电压经 VD2 全波整流，C1、C2 滤波为半导体制冷器供电。

二、常见故障检修

1. 故障现象：接通所有开关指示灯均不亮，饮水机不工作

该故障多是由于电源变压器一次绕组局部短路，使熔断器 FU1 熔断所致。更换变压器即可排除故障。当变压器买不到时，可重新绕制初级线圈，一次绕组 686 匝，线径为 ϕ0.35 mm。

2. 故障现象：制冷效果不良

检修方法：用万用表测量制冷电路整流输出端电压，若不稳定，则为整流组件 VD2 性能变劣，应更换。此外，滤波电容 C1、C2 失效或漏电也会导致该电压不稳。若电压正常，则多为制冷器性能不良所致。

3. 故障现象：不能制冷，但指示灯亮

故障原因：T 二次侧回路元件有损坏。

检修方法：制冷指示灯亮，说明 T 供电回路正常。可用万用表测量电源变压器二次绕组、整流组件 VD2、熔断器 FU2 和半导体制冷元件。

也可以采用动态检查法进行检查。接通电源，先用万用表交流电压挡测量变压器二次绕组是否有 12 V 交流电压输出，若正常，再测整流输出端电压，应为 12 ~ 14 V。若 VD2 损坏，可用两只 10 A 的整流二极管更换，否则为制冷器不良，应更换。

第十五单元　吸　尘　器

模块一　海华 WT – E90 型吸尘器

一、电路结构和工作原理

海华 WT – E90 型吸尘器电路原理图如图 15—1 所示。单向晶闸管 VS 为直流电动机 M 提供脉动直流电流使吸尘器工作，改变 VS 的导通角，就能控制电动机平均电流，从而达到调整电动机功率（调速）的目的。VS 的导通角取决于 RP1、RP2、R2、R3、R4、C2、C3 的取值和双向二极管 VD 的触发值。R1、C1 则起抑制电脉冲的作用。VD 的触发电压值约为 51 V。

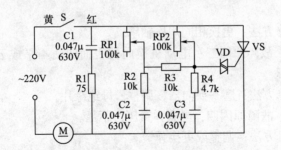

图 15—1　海华 WT – E90 型吸尘器电路原理图

二、常见故障检修

1. 故障现象：闭合开关 S，电路不通电

故障原因：电源开关内部接触不良或损坏。检修方法：用万用表 $R \times 10$ 挡测量开关引脚，S 闭合，阻值正常应为 0。

2. 故障现象：开关 S 正常，但电动机不启动运行

故障原因：（1）电动机控制电路中的元件有损坏。（2）电动机损坏。

检修方法：用直观检查法查看有无外观异样的元器件。测量双向二极管用万用表的 $R \times 1$ k 挡，黑表笔接正极，红表笔接负极，阻值正常为∞；对调表笔，测量阻值正常也应为∞。双向二极管一般是击穿损坏。

用万用表的 $R \times 1$ k 挡测量单向晶闸管 VS，黑表笔接 G 极，红表笔分别接 A 极和 K 极，正常阻值均为 $8 \sim 10$ kΩ；对调两表笔，正常阻值均为∞；再将黑表笔接 K 极，红表笔接 A 极，正常阻值为∞，对调表笔测，阻值为∞。如 VS 损坏，更换同型号晶闸管即可。

3. 故障现象：吸尘器在使用中有噪声

（1）故障原因一：电动机润滑不良，润滑剂中混入了杂质。

检修方法：清洗轴承，更换润滑脂。

（2）故障原因二：轴承滑动和滚动面粗糙，发生磨损、损坏。

检修方法：更换相同规格轴承。

（3）故障原因三：电动机换向器表面凹凸不平或云母绝缘片滑出。

检修方法：磨平换向器，调整云母绝缘片。

（4）故障原因四：电刷弹簧压力不足。

检修方法：调整或更换弹簧。

（5）故障原因五：滤尘器破损，杂物进入风机、电动机，使叶轮或电动机主轴变形。

检修方法：维修或更换滤尘器，校正或更换叶轮及电动机主轴。

（6）故障原因六：风机叶轮未拧紧，螺母松动及其他紧固件松动。

检修方法：紧固所有螺钉螺母。

4．故障现象：灰尘指示器失灵

（1）故障原因一：指示器连接软管脱落或变形。

检修方法：连接好脱落的部分或更换新软管。

（2）故障原因二：集尘室密封不严，有漏气现象。

检修方法：维修漏气部分或更换新件。

（3）故障原因三：指示灯弹簧压力不足。

检修方法：更换弹簧，并调整其压力。

5．故障现象：吸尘器漏电或带静电

（1）故障原因一：带电部分与金属外壳短路。

检修方法：切断电源，检查并消除短路点。

（2）故障原因二：内部脏，吸入潮湿物的水分渗入电路部分，造成漏电。

检修方法：清洁吸尘器内部，擦干受潮部分。

（3）故障原因三：吸尘器绝缘性能下降。

检修方法：清洁吸尘器内部，烘干带电部分，使绝缘性能符合要求。

（4）故障原因四：吸入金属屑及导电粉末造成局部短路或漏电。

检修方法：清洗吸尘器内部金属。

（5）故障原因五：清洁化纤地毯时由于地毯刷在化纤地毯上不断摩擦而产生静电。

检修方法：将吸尘器电源接地，消除静电。

模块二　红枫 DK - 10 型吸尘器

一、电路结构和工作原理

红枫 DK - 10 型吸尘器电路原理图如图 15—2 所示，接通电源开关 S，市电电源经 R1 和 RP 向 C2 充电，当 C2 两端电压达到一定值时，双向二极管 VD 导通并触发双向晶闸管 VS，调节电位器 RP 可改变 C2 充电时间常数，从而调整可控硅的平均导通时间，达到控制电路平均电流，进而调整电动机转速的目的。由于电路具有电源正、负半周的对称特性，因此可实现交流电全周期的无极调速。

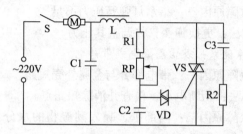

图 15—2　红枫 DK – 10 型吸尘器电路原理图

电路中的 C3 和 R2 为晶闸管过电压吸收保护电路，C1 与 L 组成的滤波电路可削弱电机火花所产生的高频电磁波对其他家用电器的干扰。

二、常见故障检修

1. 故障现象：电机有"嗡嗡"声

（1）故障原因一：集尘箱损坏，杂物卡住电动机与风机。

检修方法：修补集尘箱，取出电动机和风机中的异物。

（2）故障原因二：电动机轴承严重损坏。

检修方法：更换电动机轴承或电动机。

（3）故障原因三：电刷位置不在中心线上。

检修方法：调整电刷位置。

（4）故障原因四：电机碰膛、卡住。

检修方法：找出碰膛原因并排除碰膛故障。

（5）故障原因五：定子绕组短路、受潮或绝缘损坏。

检修方法：烘干电机或重绕电机绕组。

（6）故障原因六：定子绕组接线错误，造成两极性相反。

检修方法：检查定子绕组接线并更正错误接线。

2. 故障现象：吸力下降

(1) 故障原因一：集尘箱已装满，气流不能通过。

检修方法：清理集尘箱。

(2) 故障原因二：软管、吸嘴、集尘箱接口堵塞。

检修方法：清除堵塞物。

(3) 故障原因三：长期使用、滤尘箱微孔堵塞。

检修方法：清扫、洗净滤尘箱。

(4) 故障原因四：连接管、滤尘箱等装配不当、漏气。

检修方法：检查连接处，重新装好及检查是否漏气。

(5) 故障原因五：吸尘器顶盖、中壳或滤尘箱之间密封不严。

检修方法：重新安装或更换已老化的密封垫。

(6) 故障原因六：软管破裂漏气。

检修方法：更换软管。

3. 故障现象：使用中有异常声音

(1) 故障原因一：轴承磨损严重、损坏。

检修方法：更换轴承。

(2) 故障原因二：转子碰膛。

检修方法：更换电枢。

(3) 故障原因三：电动机换向器表面不平或云母片突出。

检修方法：维修换向器及云母片。

(4) 故障原因四：电刷弹簧压力过大。

检修方法：调整弹簧压力或更换弹簧。

(5) 故障原因五：风机叶轮压紧螺母松动或紧固件松动。

检修方法：紧固所有的螺钉、螺母。

4. 故障现象：吸力下降

(1) 故障原因一：电源电压低。

检修方法：用稳压器调整市电电压。

（2）故障原因二：电刷弹簧压力不足。

检修方法：调整弹簧压力或更换弹簧。

（3）故障原因三：轴承润滑不良。

检修方法：清洗轴承，换润滑油。

（4）故障原因四：轴承磨损，变形等。

检修方法：维修电动机机械故障。

（5）故障原因五：压紧风机叶轮的螺母松动。

检修方法：紧固螺母，压紧叶轮。

5．故障现象：漏电、有静电

（1）故障原因一：带电部分与金属外壳有接触。

检修方法：切断电源，检查并消除短路点。

（2）故障原因二：内部脏，吸入的潮湿物水分渗入电路部分，造成漏电。

检修方法：清洁吸尘器内部，烘干带电部分，使绝缘性能符合要求。

（3）故障原因三：吸尘器绝缘性能下降。

检修方法：清洁吸尘器内部，烘干带电部分，使绝缘性能符合要求。

（4）故障原因四：吸入金属屑及导电粉末造成局部短路或漏电。

检修方法：清洗吸尘器内部金属屑及粉末。

（5）故障原因五：清洁化纤地毯时由于地毯刷在化纤地毯上不断摩擦而产生静电。

检修方法：将吸尘器电源接地，消除静电。